形状設計ノウハウ集

熟練設計者の頭の中にある，知恵と工夫を教えます

著者：松岡由幸

Visible List 棒状ノウハウ

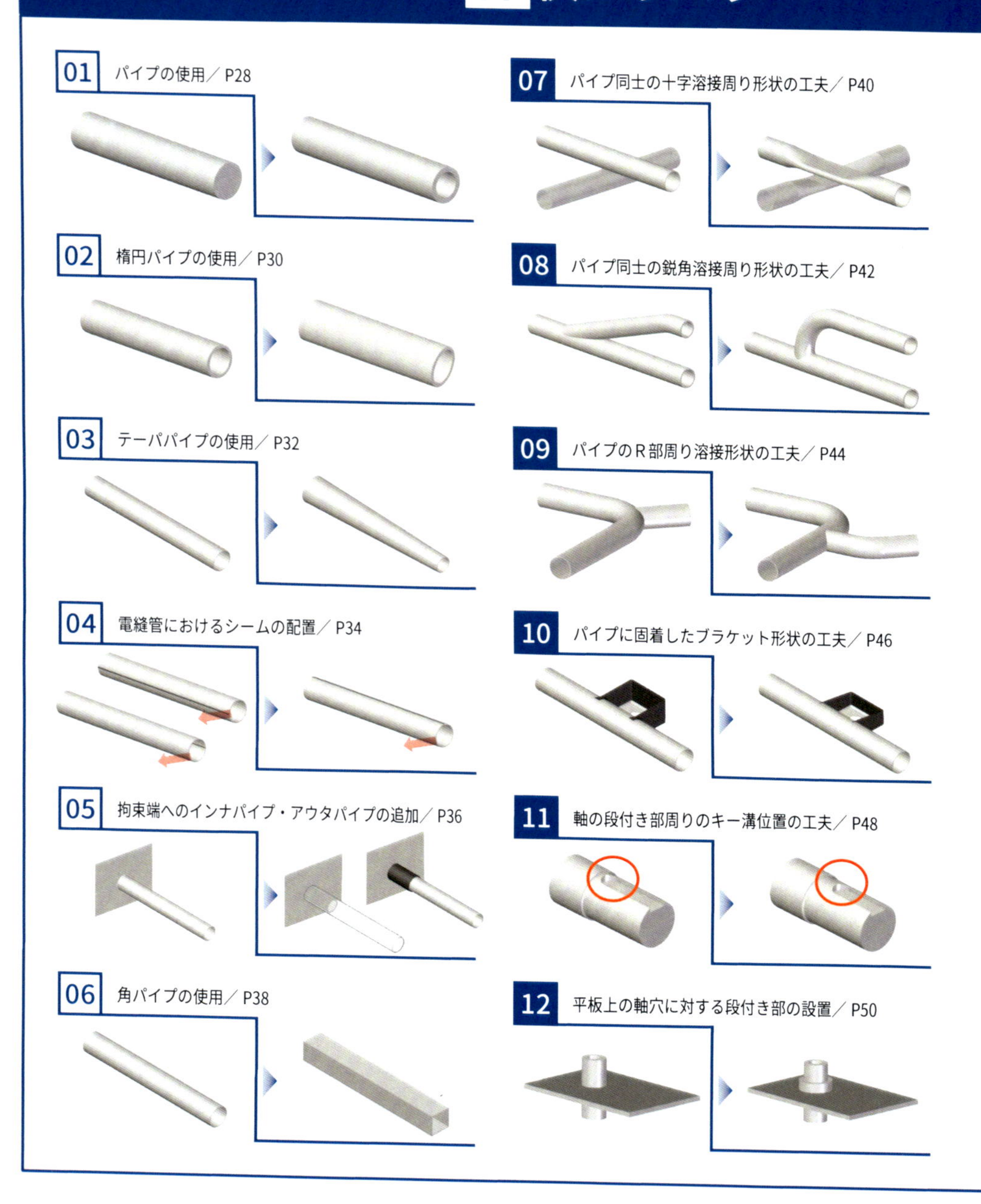

Visible List 板状ノウハウ

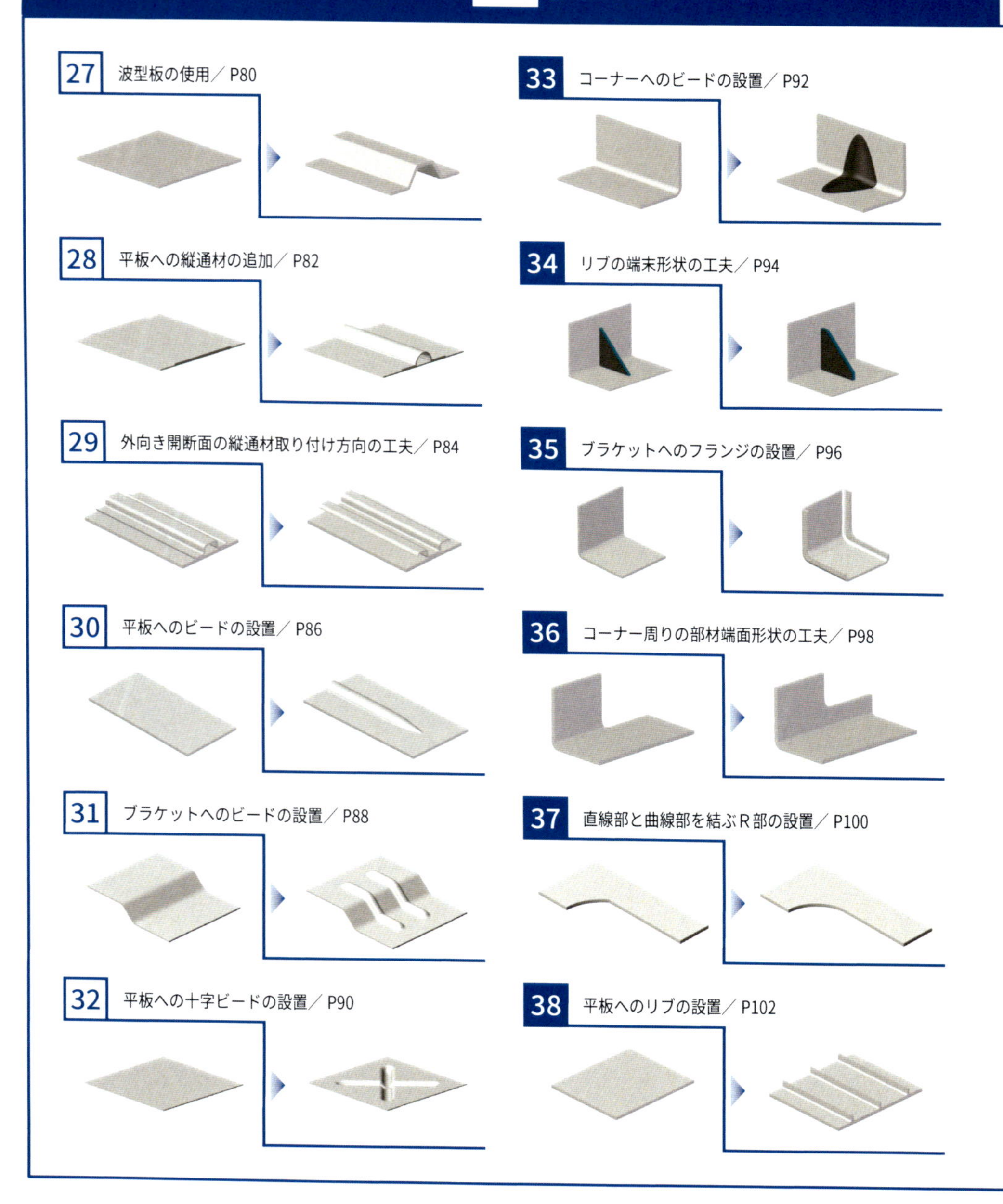

39 ボスへのリブの設置／P104
40 肉抜き穴周りへのフランジの設置／P106
41 平板上の軸穴へのフランジ付きパッチの追加／P108
42 平板へのフランジの設置／P110
43 フランジ間を結ぶリブの設置／P112
44 接合部の配置の工夫／P114
45 接合部の千鳥配置／P116
46 ボルト締結へのピンの追加／P118
47 ボルト側とナット側の同一径ワッシャの設置／P120
48 荷重方向に対するスポット溶接位置の工夫／P122
49 アーク溶接ビードの位置の工夫／P124
50 高剛性部位への接合部の配置／P126

序：本書の狙いと特長

本書は,熟練設計者が有する形状設計のノウハウ（知恵,工夫）をわかりやすく解説し，それらのノウハウを設計実務に容易に活用可能とする，設計者，エンジニア，デザイナー必携の実用書です.

読者の皆さんは，製品開発や機械設計の現場でどのように設計すれば良いのかわからず，いろいろ考え抜いた結果，結局，上司や先輩の設計者にアドバイスを受ける以外に方法がなかった経験はありませんか？　私が企業で設計に従事していた頃には，そのようなことがよくありました．特に新人設計者の頃には，日常的な出来事であったと記憶しています.

例えば，ある金具の設計において，材料費や重量を極力抑え，強度や剛性を向上させる必要がある場合を考えてみます．この場合，金具の肉厚を増加させれば，勿論，強度や剛性が向上します．しかし，それでは材料費が上がり，重量が増加してしまいます.このような場合，設計経験の少ない新人設計者は，どのような設計をすれば良いのか案外わからないものです．設計現場においてよく行われる「ビードを設置する」,「フランジ部を追加する」などは基本的なノウハウですが,学生時代に教わることは少ないでしょう．学生時代には,「このような形状」ならば「どの程度の強度を有する」という評価法を，力学を学ぶなかで修得します．しかし，それとは逆に,「この程度の強度を有する」ためには「どのような形状」が良いかというノウハウについては学んでいないのです．しかも，困ったことに，そのようなノウハウは，事典や参考文献にほとんど掲載されていません.そのため，これまでの設計者の多くは，過去の事例を調べたり先輩の設計者から教わったりすることで，少しずつ経験を積みながら，ノウハウを獲得しているのが実状ではないでしょうか．できれば，新人や若手の設計者が自らノウハウを獲得できる手段がほしいものです.

現在では多くの企業において，新人や若手の設計者の教育に充分な時間をかける余裕が以前よりも少なくなってきているようです．また，熟練設計者の大量退職という現実もあります．そのため，新人や若手の設計者が自ら設計ノウハウを獲得することは,今後ますます重要になるものと考えられます.

このような背景から，本書では，形状とその強度や剛性といった力の関係に注目し,熟練設計者の方々から集めた50項目の形状設計ノウハウを紹介します．その際，つぎの三つの特長を有するよう，心がけました.

＜本書の特長＞

● ノウハウがひと目でわかる

・ノウハウの適用前（Before）と適用後（After）の組み合わせを，Visible List（一覧表）にまとめるとともに，各ノウハウの頁の冒頭に掲載した．

・設計現場で用いる専門用語を，関連するノウハウの頁で解説した．

● ノウハウの効果が理解できる

・ノウハウの効果を端的に図解した．

・効果の計算結果を図で示し，効果がある理由をわかりやすく解説した．

● ノウハウが適切に使える

・身近な使用例を紹介した．

・ノウハウで使用される材料，加工などの条件とその注意事項を示した．

上記のような特長を踏まえ，本書の活用例としては，以下のようなものが考えられます．

＜本書の活用例＞

・新人設計者や若手設計者の形状設計マニュアル

・企業での設計教育・マネジメントの資料

・大学，高等専門学校での設計教育教材

・機械工学を学ぶ学生の参考書

また，本書の「1．デザイン科学が読み解く形状設計ノウハウ」では，「デザイン（設計）科学」の視点から，形状設計や熟練設計者のノウハウについて解説しました．「デザイン科学」とは，設計やデザインという人間の創造的行為を理論的に説明する新しい学問で，本書の「3．デザイン科学講座」では，その最新の内容も紹介しました．この「デザイン科学」は，「デザイン塾」（主宰：松岡由幸，http//www.designjuku.jp）において，多くの設計者，デザイナー，工学研究者などによる議論を通じて構築されたものであり，実務者の方々にも充分に共感していただけるものと考えております．

読者の方々には，本書を活用されることで，設計者が行う設計行為の本質的な意味や，形状設計ノウハウを活用する意義を理解していただければ幸いです．

2021年6月　松岡 由幸

CONTENTS

Column 1

ある新人設計者の話（その1）

ブルドーザー状態の日々

想えば，新人設計者だった頃，毎日が悩ましい日々でした．確かに，仕事も大変でした．しかし，仕事が大変だったからというよりも，むしろ，先輩の時間を拘束してしまうことに対して，申し訳ないとの思いが強かったことを記憶しています．

私は，与えられた設計をこなすには，あまりにも何も知りませんでした．まず，会議で出てくる言葉（what）がわかりませんでした．つぎに，何のための議論（why）なのかもわかりませんでした．そのため，自分が何をどうすべきなのか（how）もわからない状況でした．これは，まさに「わからない」つづきの三段論法とでもいうべきでしょうか．そんな私は，先輩に何から何まで教えてもらわなければ仕事が進まないのです．先輩には大変申し訳ないと思う毎日でした．

設計という仕事は，その製品独自の専門性が強く，また，設計の進め方も企業特有のやり方が存在します．そのため，学生時代に学んだ一般的な知識ではまるで歯が立たなかったのです．その専門性や独自性の参考となる書籍や資料は，当時ほとんどありませんでした．まして，設計マニュアルなどの設計方法を具体的に示す資料も，特にない状況でした．そのため，仕方がないので，あれやこれやと忙しそうにしている先輩たちに聞くしかなかったのです．申し訳なさそうに先輩たちに質問すると，皆さんが言葉の意味や具体的に何をどうすればよいのかを親切に教えてくださいました．しかし，その分，先輩たちの貴重な時間を奪ってしまうことになるのです．申し訳なくて，そして，情けない状況でした．設計課題は山積です．それはあたかも，ブルドーザーが日々進みながら，残務という名の土砂をどんどん膨れ上がらせる状態でした．私は，その残務の量と先輩への申し訳なさとの狭間で，いつも悩み続けていました．

そんななか，毎週，金曜日の夕方は少しホッとしていたことを覚えています．それは，土日の休みが楽しみだったからではありません．土日のうちに，これまで積りに積った残務を少しでも挽回できるのでは，と淡い期待をしたからです．私は，そんなに真面目なほうではありません．まあ，今考えれば，それほど追いつめられていたのだと思います．しかし，実際には，その期待ほど土日に仕事は進まないものです．結局，日曜日の夕方には，思うようには挽回できておらず，窓から見える近所の家屋の長い影を見ながら，よく憂鬱な気持ちになっていたことを記憶しています．「明日から，また先輩に迷惑をかけてしまうのか」，そんな気持ちが焦りとなり，テレビ番組やCMの音を流し聞きしながら，残務に向かう日曜の夜が続いていました．ブルドーザー状態の日々は，一向に終わる気配を見せてくれませんでした．

（24頁へつづく）

1 デザイン科学が読み解く形状設計ノウハウ

ここでは，形状設計ノウハウとは何か，また，それを今後どのように設計に活用すべきかについて，デザイン科学の観点から述べていきます．

なお，デザイン科学とは，機械設計，製品設計，建築設計，都市設計といった今日まで細分化されているさまざまな領域の枠を超え，設計，デザインという人間の創造的行為を理論的に説明する新たな科学のことです（129 ～ 137 頁の「デザイン科学講座」参照）．

1.1 形状設計とは――逆問題としての難しさと魅力

デザイン科学の立場からいえば，設計とは，課題や目的などの**設計問題（design problem）**から，方策や手段などの**設計解（design solution）**（設計問題を解いた答え）を導く行為のことです．この考え方に則れば，製品や構造物の**形状設計（shape design）**は，剛性向上，強度向上，軽量化などさまざまな設計問題に対して，その方策や手段である設計解としての形状を導く行為といえます．例えば，「高い強度を有する」という目的（設計問題）に対して，それを達成する手段（設計解）としての「○○な形状」を導くことが，形状設計という行為なのです．

ここで，設計者が行う設計という行為とユーザが行う評価という行為の双方の関係に注目します．設計者は，「高い強度を有する」ために「○○な形状（がいいだろう）」と判断します．しかし，ユーザは，「○○な形状」ならば「高い強度を有する（だろう）」と評価します．つまり，双方は，まさに逆の行為を行っていることになります．これを，原因と結果の関係とみなすと，「このような形状」が原因となり，「高い強度を有する」という結果が得られることになるでしょう．そのため，ユーザは，原因から結果を導いているといえます．このように原因から結果を導く問題を，**順問題（forward problem）**といいます．一方，設計者は，結果から原因を導いていることになります．このように結果から原因を導く問題を**逆問題（inverse problem）**といいます．

一般に，順問題に比べて，逆問題を解くことは難しいといわれています．形状設計においても，形状から強度を評価予測するよりも，特定の強度を実現するために適正な形状を導くという設計行為のほうが難しいことは，容易に想像できると思います．そのため，設計者は，この逆問題という難しい設計問題を解くために，多くの知恵と工夫を駆使しながら，さまざまな思考過程を経ることで，設計解である形状を導いているのです．確かに，設計は逆問題を解く行為であり，難しい仕事だと思います．しかし，この難しさこそが，設計という行為を創造的でかつ魅力的なものにしているのではないでしょうか．

■ 設計問題と設計解

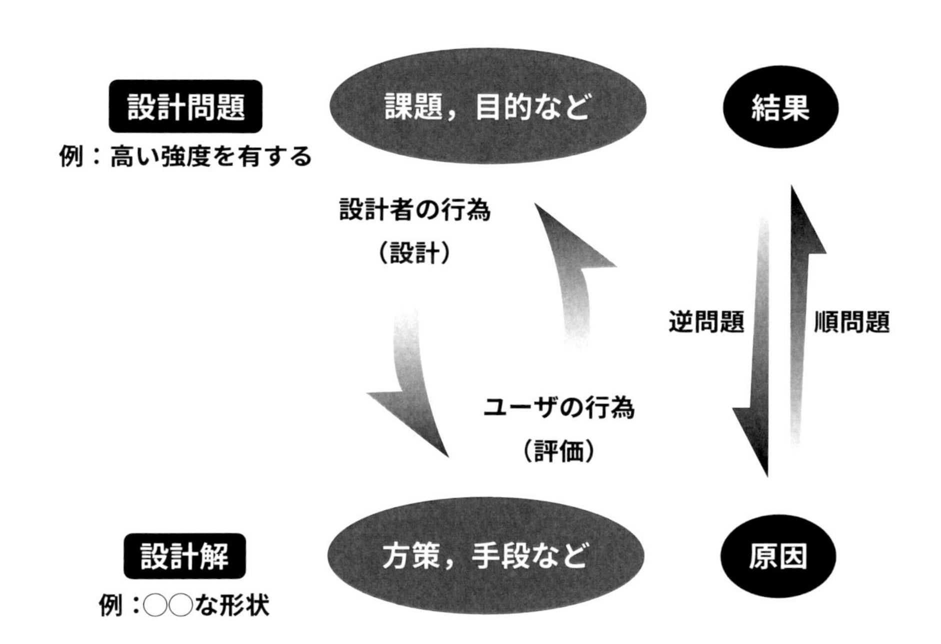
設計問題
例：高い強度を有する
課題，目的など
結果
設計者の行為
（設計）
逆問題
順問題
ユーザの行為
（評価）
設計解
例：○○な形状
方策，手段など
原因

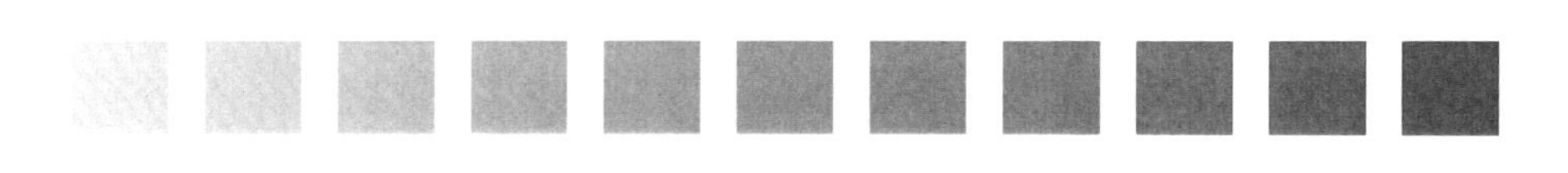

1.2 形状設計における思考――分析，発想，評価

設計者は，設計問題という難しい逆問題を解くために，**分析**（analysis），**発想**（idea generation），および**評価**（idea evaluation）の三つの思考を駆使しています．ここでは，これらの思考について，金具の軽量化という設計問題を事例にして考えてみます．

設計者は金具の軽量化という設計問題を解くために，まず，金具の強度面に関して，既存の金具にどのような荷重が入るのか，どんな取り付け状態なのかといった，金具の設計に必要な条件（要件）を分析するのではないでしょうか．また，その要件に対して，既存の金具の厚みに余裕がないか，あるいは余分な部位がないかを探索し，さまざまな設計解の可能性に関する分析をすると思います．これらの分析は，計算により行われる場合もあるでしょうし，設計者の経験則に基づいた主観的推測により行われる場合もあります．なお，このような要件や設計解の可能性の分析は，設計問題に対する現状や現象の**モデル**（model）を探索する行為であることから，この分析を**モデリング**（modeling）と呼ぶこともあります．

つぎに，設計者は，これらの分析を行いながら，具体的なアイディアなどの設計案（設計解の候補）を発想していきます．強度の確保が可能な新たな軽い金具形状を発想するのです．この発想は，**アナロジー**（analogy）や直接的な喩えを用いない**メタファー**（metaphor）などさまざまな思考を通じて行われます．

さらに，発想された設計案に対し，軽量化が実現されているか，強度面やその他の品質面で問題がないかなどの評価が実施されます．なお，これらの評価は，分析により得られた結果（モデル）に基づいて行われます．また，この評価においても，分析の際と同様に計算により行われる場合もあるでしょうし，設計者の経験則に基づいた主観的推測により行われる場合もあります．

この評価の結果，もし設計案が不適正である場合には，再度発想がし直されるか，あるいは分析までさかのぼって再分析・再発想が行われます．そして，適正な設計案が見つかるまで分析，発想，評価の三つの思考は繰り返されます．設計においては，これらの思考が繰り返されることで，逆問題という難しい設計問題に対する設計解をはじめて導くことができるのです．

■ 形状設計における三つの思考

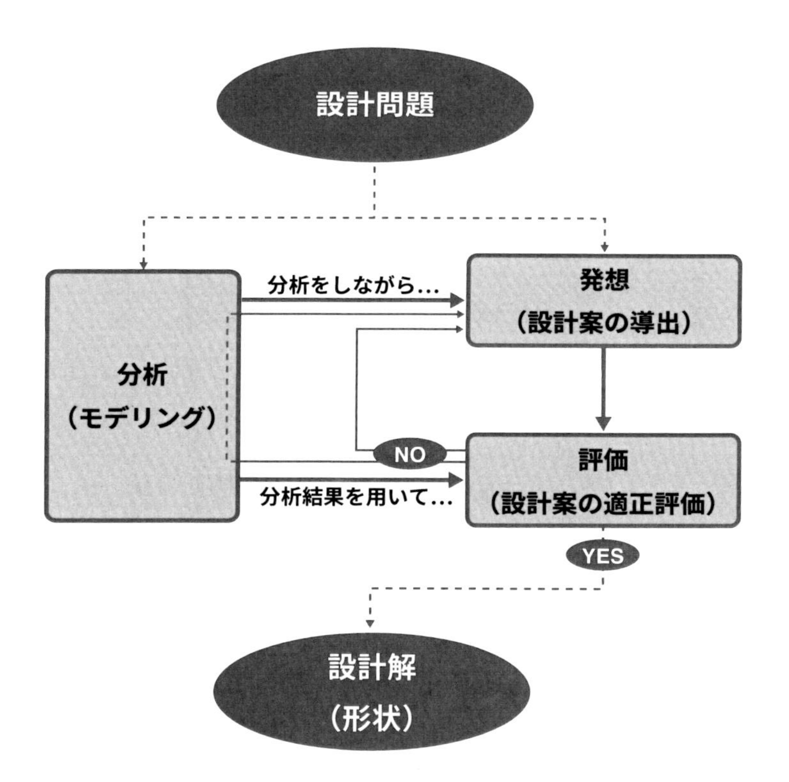

1.3 形状設計ノウハウとは——知識とノウハウ

設計者が行う分析，発想，および評価の思考には，いずれもその設計問題に関わる**知識（knowledge）**が必要です．この知識には，概念や定義についての知識である**宣言的知識（declarative knowledge）**と操作や手順についての知識である**手続き的知識（procedural knowledge）**の2通りがあります．また，その質の面からいえば，**客観的知識（objective knowledge）**と**主観的知識（subjective knowledge）**と呼ばれる二つの知識に分かれます．

客観的知識は、工学，自然科学，人文科学，社会科学などに基づく一般性を有する知識です．この知識は，材料や力学などのように言語，図表，数式などの記号により表現可能な**形式知（explicit knowledge）**として記述されます．そのため，これらの知識は書籍や文献などからの入手も可能であるといえます．

その一方，主観的知識は，設計者の個人的な経験や地域の独自性などに基づいた，一般性を有さない知識です．この知識には，設計対象や設計に対する設計者の価値観や思想・哲学が含まれており，設計過程で行われるさまざまな知識の取捨選択や優先性の判断を左右する重要な知識です．また，言語などの記号では表現が難しい**暗黙知（tacit knowledge）**と呼ばれる知識も多く含まれることから，職人の知恵のように，その修得には時間を要する場合が多々あります．

ここで，形状設計に用いる知識と**設計ノウハウ（design knowhow）**の関係について考えます．**形状設計ノウハウ（shape design knowhow）**とは，形状設計において，設計問題から設計解（形状）を導くための知恵や工夫であり，上述の手続き的知識に相当します．また，このノウハウには，設計マニュアルのように明らかに示された客観的知識と熟練設計者が持つような個人的な主観的知識の両方が存在します．前者の客観的知識を獲得することは比較的容易です．しかし，後者の主観的知識は，設計者自身の**ＯＪＴ（On the Job Training）**を通じた修得など，設計者自身が経験を重ねることで，少しずつ時間をかけて行われる場合が多いようです．そのため，実務経験の少ない新人や若手の設計者には一般に身につきにくい知識であり，熟練設計者の形状設計ノウハウを効率的にかつ的確に伝承することは，形状設計において重要な課題であるといえます．

■ 形状設計ノウハウと知識

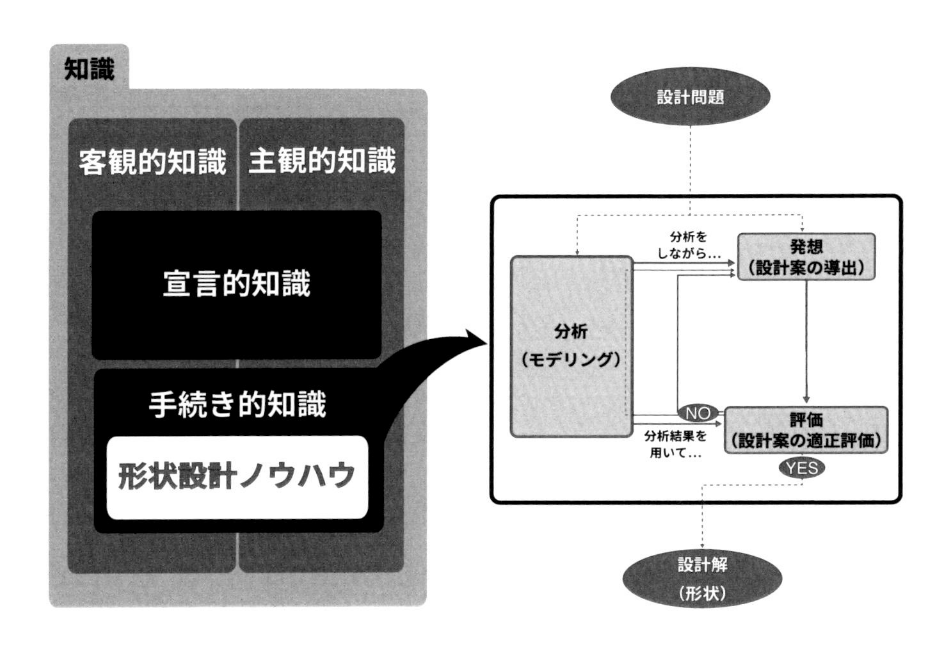

1.4 形状設計ノウハウ——発想に生かせ

形状設計ノウハウにはさまざまなものが存在し，それらは設計で行われる分析，発想，評価のそれぞれの思考に用いられています．しかしながら，その三つの思考のうち，最もノウハウを入手しづらい思考が，発想ではないでしょうか．例えば，「軽くて造りやすく，安価で，しかも高い強度を有する金具の形状」という目的（設計問題）に対し，設計者が新たな設計案（設計解の候補）として「○○な形状」がいいのではないかと発想するとします．このような場合に，発想に生かせる有用な形状設計ノウハウが，必要とされています．

設計における分析や評価においても，設計ノウハウは利用されています．例えば，分析において，ユーザの嗜好分析や使い方などの市場分析や強度・剛性に関する力学解析やモデリングなどが行われます．その際，それらに用いられる市場分析法や力学的な解析・モデリング手法は，多くの書籍や文献に記述されています．場合によっては，設計マニュアルや分析手法という形でノウハウが組み込まれ，利用されていることも多いでしょう．また，評価においても，分析で得られたユーザの嗜好や使い方，あるいは力学的な解析結果やモデルなどを用いて，発想された設計案の妥当性評価が行われています．その際に用いられる評価法には，設計マニュアルや実験評価法として，ノウハウがドキュメント化されていることも多いのではないでしょうか．このように，分析や評価においては，それらに関するノウハウが，書籍・文献やマニュアルのようなドキュメント化された客観的知識として記述されている場合も多いのです．そのため，それらの情報入手は比較的に容易であることから，ノウハウが利用しやすい状況にあるといえます（補足：実際の設計現場における分析や評価には，設計者の価値観や経験などに基づく主観的知識も多く用いられ，重要な役割を担っています）．

しかし，その一方，発想に生かせるノウハウの情報は，入手しづらい状況にあります．なぜなら，それらのノウハウの獲得は多分に経験に依存しており，ノウハウそのものが設計経験を積んだ熟練設計者の主観的知識であり，ドキュメント化が難しいことが多いのです．そのため，新人や若手の設計者にとって，発想は難しく馴染みの少ない思考となっているのが現状でないでしょうか．

形状設計において発想は創造性の鍵を握っています．そのため，熟練設計者の形状設計ノウハウを新人や若手の設計者に伝承することは大切な課題です．

■ 発想に生かす形状設計ノウハウ

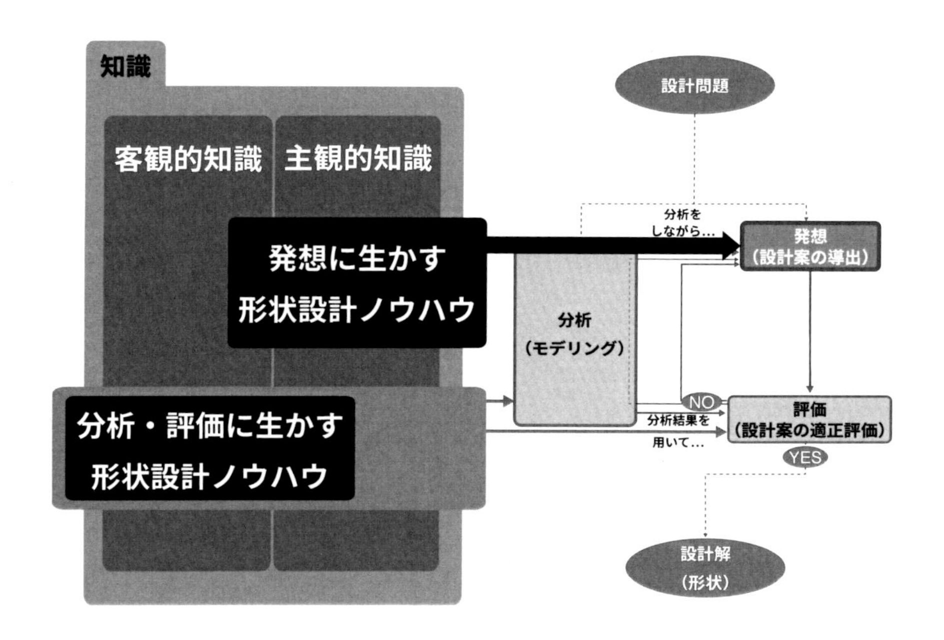

1.5 形状設計ノウハウ――熟練設計者に学べ

形状設計において発想に有用なノウハウは，これまで設計経験を重ねることで少しずつ獲得されてきました．設計者の多くは，先輩や熟練の設計者の頭の中にあるノウハウを，実務経験を通じて教わりながら，学んできたのです．それは，まさに「職人技」的な伝承法に近いといえるかもしれません．

しかし，その伝承には時間がかかることから，昨今の企業における「新人や若手の設計者に，即，戦力を望む」状況にはそぐいません．さらに，以下に示すようないくつかの問題も抱えています．

熟練設計者の有するノウハウの多くは主観的知識です．そのため，その適用条件，狙いと効果などがあいまいである場合が多いでしょう．特に，適用条件に関しては，それを間違えると逆効果になってしまう場合もあり，注意する必要があります．例えば，強度向上のために棒状フレームの断面形状を工夫する場合，荷重条件によっては逆に強度の低下を招く場合も多々あります（60～63頁の形状設計ノウハウ17および18参照）．そのため，適用条件は正しく理解され，伝承される必要があります．

また，狙いとその効果に関しても注意が必要です．著者らの技術伝承に関する研究によると，熟練設計者のノウハウのあいまいさから，変形防止のための剛性向上と破壊防止のための応力低減という二つの狙いが混同されている場合もありました．そのため，一部で不適切な技術伝承が行われていたようです．

熟練設計者のノウハウは，長年にわたり培われた貴重な財産です．その財産を有効に活用するためには，その狙いと効果，適用条件などを明らかにし，的確な伝承を行うことが不可欠です．さらにいえば，それらの狙いや適用条件がひと目で理解でき，適切に適用できることが望まれます．

本書の「2．形状設計ノウハウ（25頁以降）」では，そのような伝承を可能にするため，**有限要素法（finite element method）**による膨大な力学解析を行い，一般的に多く使用される50項目の形状設計ノウハウについて，狙いと効果，適用条件，使用上の留意点などを明らかにし，わかりやすく図解しています．

■ 熟練設計者に学ぶ形状設計ノウハウ

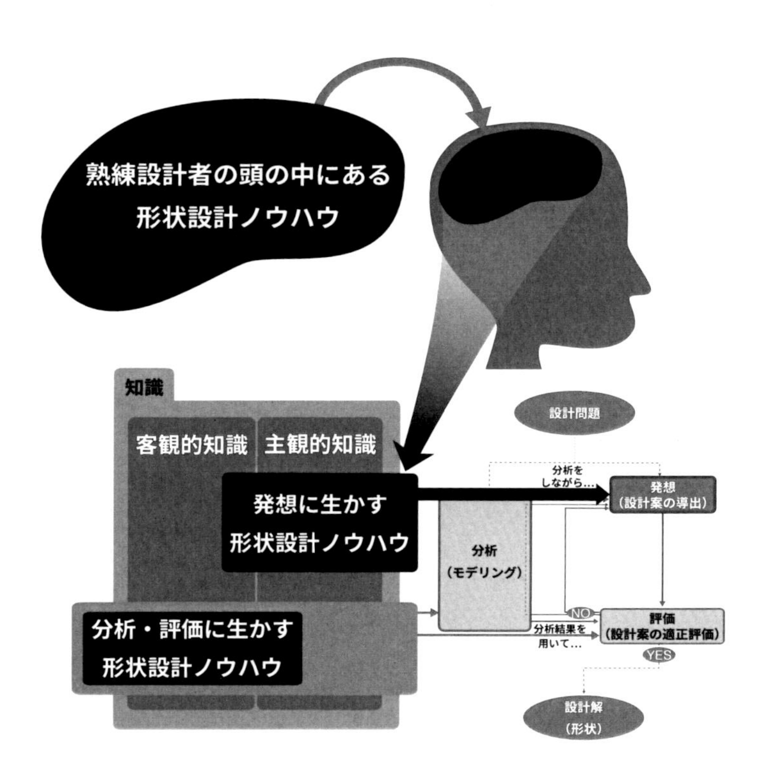

1.6 形状設計ノウハウ――「状態」に注目せよ

元来，設計は「**価値 (value)**」，「**意味 (meaning)**」，「**状態 (state)**」，および「**属性 (attribute)**」の四つを視点として行われることが望まれます．形状設計において，「価値」とは，例えば破壊防止が挙げられます．また，「意味」とは，それらの「価値」を目指した**応力 (stress)**集中の低減などとなります．さらに，「状態」とは，「意味」を物理的な現象に置き換え，物理特性として表現したもので，応力集中の低減に関わるものとしては，**応力分散 (stress dispersion)**，**最大応力 (maximum stress)**などが挙げられ，これらの物理特性を設計の具体的な目標として設定します．そして最後に，「状態」として設定した目標を具現化できるような形状（設計解）を決定し，その詳細を「属性」として図面に記載します．以上が，「価値」，「意味」，「状態」，および「属性」の四つを視点にした際の，大まかな設計の思考過程です（詳細は，「3.3 多空間デザインモデル」（135～136頁）および「3.4 多空間デザインモデルと形状設計過程」（136～137頁）を参照」）．

さて，ここで，「状態」に注目します．「状態」とは，場に依存する物理特性です．場とは，その製品や構造物などの設計解が置かれる環境の条件であり，強度に関する設計問題でいえば，**荷重条件 (loading condition)**や**拘束条件 (constraint condition)**などの**境界条件 (boundary condition)**にあたります．「状態」とは，これらの条件と，その条件下ではじめて現れる設計解の物理特性（化学的・電気的特性を含む）であり，設計解そのものである図面に記載する「属性」とは異なる物理特性です．例えば，荷重が与えられてはじめて現れる応力は「状態」ですが，採用した材料のヤング率や形状は「属性」に相当します．

この「状態」は，実は形状設計を行ううえで非常に重要な視点であり，ノウハウの伝承において鍵を握っているのです．モノの機能は，モノの持つ特性と場の特性との組み合わせで決まります．言い換えれば，最適な形状は場によって異なるのです．モノは多様な場で使用されます．しかも，場は時とともに変化していきます．そのため，形状設計ノウハウとして伝承すべきは，「属性」である形状ではなく，「状態」であるモノと場との関係性なのです．「状態」こそが，普遍的な関係を示しており，科学技術の知識として伝承されるべきノウハウであり，本書の「2．形状設計ノウハウ（25頁以降）」では，「状態」を用いて，ノウハウの効果や適用条件を明らかにしています．

■ 状態に注目する形状設計ノウハウの伝承

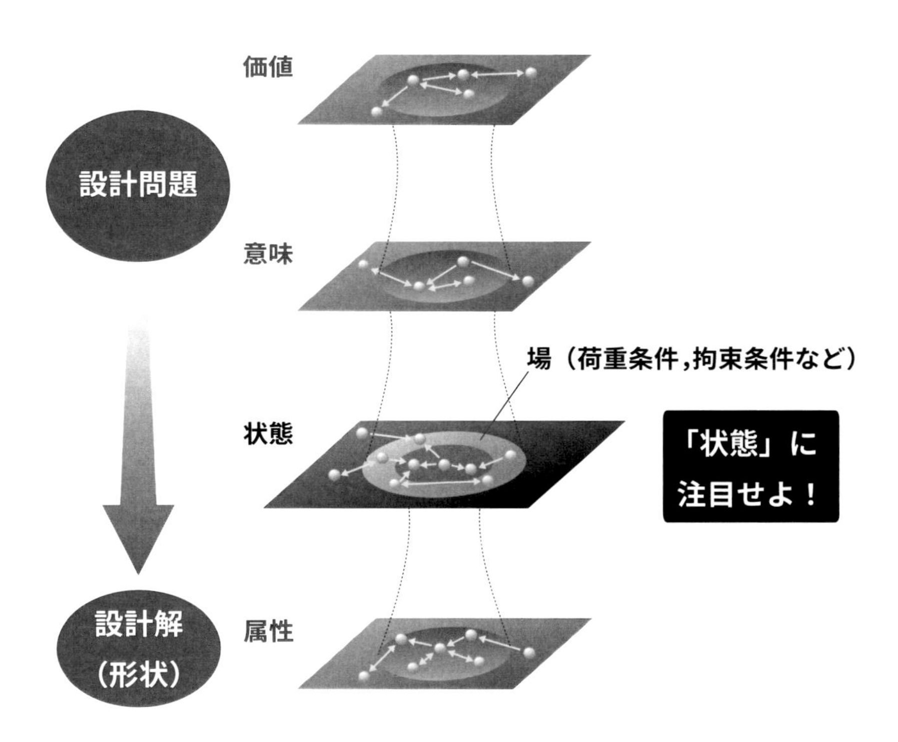

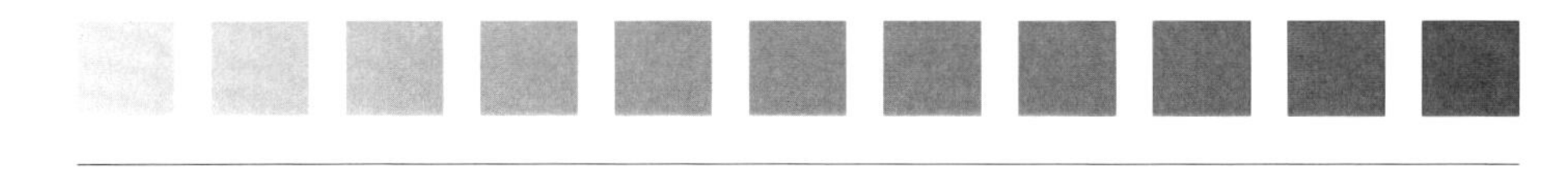

Column 2

ある新人設計者の話（その2）

コピー用紙の箱

新人として配属されて，二週間ほどが経った頃のことだったと思います．相変わらず，先輩たちにいろいろと教わる日々は続いていました．私は，いつも忙しそうな先輩たちの様子を伺っていました．そして，比較的和んでおられる瞬間を見つけては，ご機嫌を伺いながら教えてもらう，そんな毎日でした．

そんななか，ある日の朝，ミーティングの後に，グループのメンバ全員に配布する資料のコピーを頼まれました．私は自分の机の斜め前にあるコピー機に向かって資料のコピーをしながら，ふと気がついたのです．「なんか安らいでいる自分がいるぞ！　しかも，ちょっと嬉しい．」どうやら，ささやかながらでも，先輩たちに貢献できているとの実感からそう思ったのでしょう．

その夜，あることを思いつきました．「そうだ，コピー用紙の箱を置こう！　これに皆さんのコピーする用紙を入れてもらおう．それを自分がコピーすることにするんだ．」

次の朝，早速A4のコピー用紙が入る箱を，自分の机の右上に置きました．そして，朝のミーティングの際に，ちょっと恥じらいつつも，思いきっていいました．「あの～，いつもすみません．迷惑ばかりかけて……．それで，まあ，自分はまだコピーしかできませんし……．ですから，どうぞ，コピーは私がしますから，どうぞ，コピーが必要なものは，この箱に入れておいてください．私がコピーしますから……．お願いします！！」先輩たちは，皆，一斉に反対（？）遠慮（？）しましたが，私がしつこく，グループの効率化のためということでお願いすると，「じゃあ，まあ，やってみようか」ということになりました．

それから，2時間後に，ひとりの先輩が，いつもの優しい目をして，「じゃあ，いいのかな？」といいながら笑顔で1枚入れてくれました．たった1枚でした．それは優しさだったかもしれません．その後，しばらくして，もうひとりの先輩も，申し訳なさそうに入れてくれました．でも，今度は数十枚ありました．正直いって，嬉しかった．安らぎの時間が少しでも長く持てるのです．

コピーをしているときは，唯一ホッとするひと時でした．おそらく，私自身，「コピー用紙の箱」に逃げていたのかもしれません．でも，正直なところ，私はそれに救われていたのも事実でした．このコピーの箱は，実質的に1か月ぐらいしか続かなかったと記憶しています．そのうち，私もドタバタ仕事をするようになり，先輩の皆さんも，静かにそれを察知され，この単なる思い付きのシステムは自然に消滅していきました．

（128頁へつづく）

2 形状設計ノウハウ

ここでは，熟練設計者の方々から集めた 50 項目の形状設計ノウハウ（棒状ノウハウ 26 項目，板状ノウハウ 24 項目）を紹介します．

各項目には，狙い，効果，事例，条件などをわかりやすく示しています．それらの見方は，26 ～ 27 頁の「形状設計ノウハウの見方」を参照してください．

また，どのようなノウハウがあるのか，どのノウハウを利用するかを検討する際には，全項目を概観できる2 ～ 5 頁の「Visible List」を活用していただくと便利です。

形状設計ノウハウの見方

『狙い』（価値・意味）
形状設計ノウハウが狙いとする項目

『ノウハウ』（属性）
形状設計ノウハウの適用前後のイメージ
形状設計ノウハウの適用前（Before）と適用後（After）が図として示されており，ノウハウの内容がひと目でわかります．

強度向上・高剛性化

20 I形断面フレームへのスチフナの追加

ノウハウ

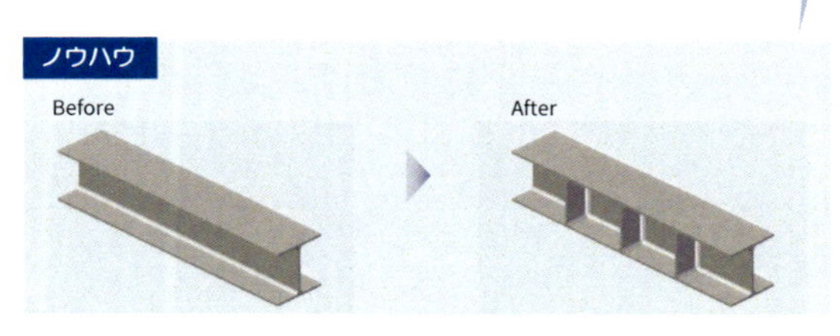

効果

フレームの強度および剛性を向上させることができる．スチフナ※1がフランジ※2とウェブ※3を支えることにより，フランジの剛性の向上，ウェブの強度の向上に効果がある．また，ウェブの横座屈※4を防ぐ効果も期待できる．

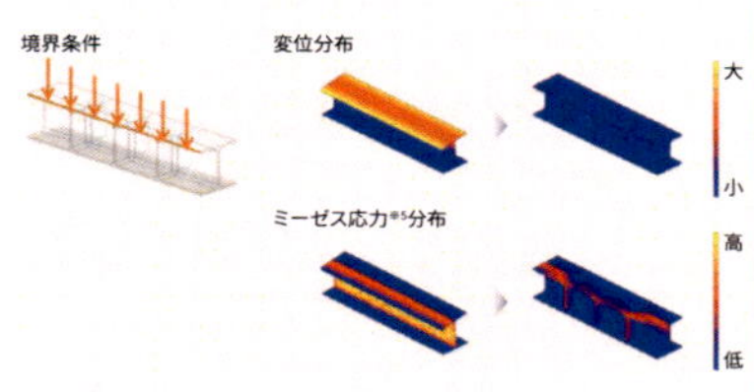

事例

建築用の構造部材のI形鋼に対してスチフナが用いられている．主に鉛直下向き方向の荷重に対する強度や剛性を高める効果がある．

建築用構造部材

フランジ
ウェブ
スチフナ

※1 スチフナ（stiffener）
ウェブ，隔壁などに適当な間隔で設ける補強部材のこと．

※2 フランジ（frange）
円板状，平板状に突き出した部材に対する呼称のこと．

※3 ウェブ（web）
けた構造，I形断面材，Z形断面材などにおいて，両端のフランジ部と結合する平板のこと．フランジ部が軸力を負担するのに対し，ウェブは主にせん断力を負担する．

※4 座屈（buckling），横座屈（lateral buckling）
座屈とは，圧縮荷重がある値を超えると安定性が失われ，急激に大きな変形を示す現象のこと．
横座屈とは，曲げを受ける軸に対して，ウェブが垂直な方向にたわむことで，ねじれるように変形する現象のこと．

※5 ミーゼス応力（von Mises stress）
延性材料の降伏強度を判断する指標のこと．3次元の応力状態を単軸状態に相当させた応力．

66

『効果』（状態）
力学解析の結果を用いた効果の図解
境界条件のもとでの力学解析（FEM解析）の結果を添付しています．

『事例』（状態・属性）
身近な適用例の記載
実際に使用されている事例を図示することで，どのように適用できるのかをイメージすることができます．

『条件：荷重条件』(状態)
良い効果の見込める・見込めない荷重条件
効果が見込める荷重条件において，このノウハウを適用することを推奨します．ノウハウの適用により，任意の荷重に対して逆効果になる場合もあるため，この項目で確認しておくことをお奨めします．

『用語欄』 専門用語に関する補足説明の付加
設計現場において用いられている専門用語の補足説明をすることで，内容の理解を助けます．また，専門用語に関する知識を増やすことができます．なお，この用語欄は各ノウハウごとの見やすさを考慮し，それぞれのページに掲載してあります．

強度向上・高剛性化

条件

■ 荷重の方向

良い条件

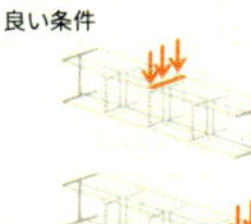

中央への集中荷重に対して，強度および剛性ともに向上する．

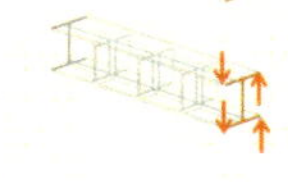

曲げに対して，強度および剛性ともに向上する．

ねじりに対して，強度および剛性ともに向上する．

フランジにかかる荷重に対して，最も効果が期待できる．曲げやねじりにおいても若干の強度・剛性向上の効果はみられるが，一般にそれらを主目的とはしない．

■ 材料

金属，プラスチック，セラミック，木材など，多くの材料に適用可能である．

■ 加工

金属においては，溶接※6による接合や，鋳造※7，鍛造※8による成形で設置することができる．また，プラスチックにおいては，射出成形※9で一体的に成形可能である．
建築分野などで用いられているI形鋼は，大規模なものが多いため，溶接によりウェブが設置されることが多い．一方，機械部品などの量産品においては，溶接は用いず，本体部分とウェブを一体的に設けることが一般的である．

溶接により，補強部材を合する場合にはスカラップ※10を設けることが望ましい．溶接代の直交部は，溶接欠陥が起こりやすくかつ応力が集中しやすいためである．ただし，スカラップ付近も応力が集中しやすくなるため，十分なRをとるなどの対策が必要である．

※6 溶接 (welding)
複数の金属材料あるいは非金属材料を，加熱あるいは加圧により原子間結合させることで接合する行為，あるいは接合されたもののこと．

※7 鋳造［ちゅうぞう］(casting)
金属および合金を溶融状態で鋳型に注入し，凝固，冷却後鋳型より取り出す材料加工法のこと．

※8 鍛造［たんぞう］(forging)
金属材料を加熱し，打撃または加圧して接合する方法のこと．

※9 射出成形
(injection molding)
材料を加熱溶融し，低温に維持された金型に流入させ，冷却固化させて製品を得る成形方法のこと．

※10 スカラップ (scallop)
アーク溶接において，突合せ継手（母材がほぼ同じ面内の溶接継手）とこれに交差する方向のすみ肉継手（ほぼ直交する二つの面を溶接する三角形状の断面をもつ溶接継手）がある場合に，下図のように設置される扇形の切欠き（切り抜き）のこと．

67

『条件：材料・加工方法・その他注意事項』(状態)
このノウハウを実現するための材料・加工，注意事項など
ノウハウの適用にあたっては，場合により加工工数の増加や，質量の増加を伴う場合があります．ノウハウを適用するか否かの検討をする際に，この欄を参考にしてください．

01 パイプの使用

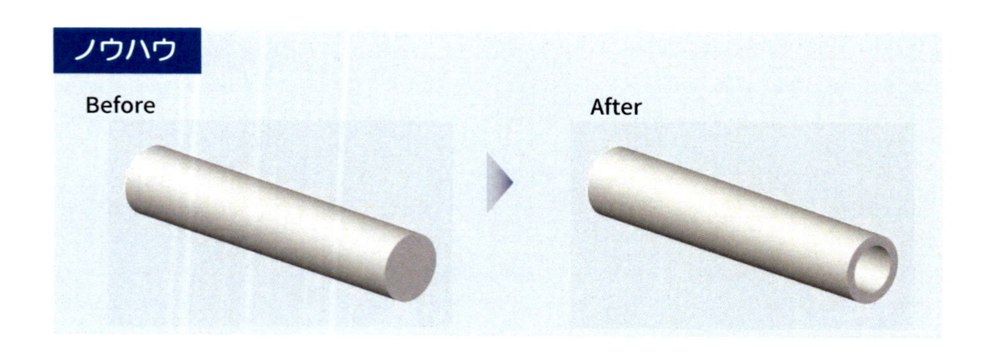

効果

必要最小限の強度や剛性を確保しながら軽量化できる可能性がある.

曲げやねじりにおいては，中心軸付近の部材の応力の負担は小さいため，部材の負担する荷重が小さい場合はパイプで代用が可能である．ただし，強度および剛性ともに低下する可能性が大きいため，注意する必要がある.

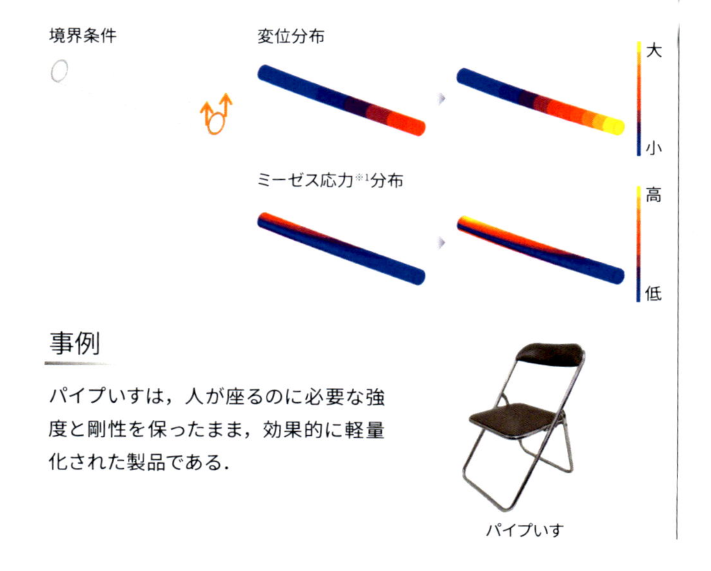

※1 ミーゼス応力
(von Mises stress)
延性材料の降伏強度を判断する指標のこと．3次元の応力状態を合成し，単軸（1次元）状態に置き換えた応力．単位体積あたりのせん断ひずみエネルギーが限界を超えると，材料が降伏するという説に基づいている.

事例

パイプいすは，人が座るのに必要な強度と剛性を保ったまま，効果的に軽量化された製品である.

パイプいす

条件

■ 荷重の方向

曲げ，ねじりの荷重に対しては一定の効果が認められる．しかし，いずれの場合も中実軸（Before）のときよりも，強度および剛性ともに低下する．特に，引張りの方向には大幅に強度が低下するため，注意する必要がある．

■ 材料

金属，プラスチック，セラミック，木材など，多くの材料に適用可能である．

■ 加工

鉄鋼のパイプには，継ぎ目なし鋼管と電縫管※2 の2種類がある．継ぎ目なし鋼管は熱間加工※3 でパイプ形状に造られるのに対して，電縫管（溶接管）は板状の鉄鋼部材をロールにより管状に成形し，融接※4 または圧接※5 で接合され，コストも比較的割安である．

■ 寸法

パイプの厚みは棒材の外径の15%あれば有用であるとされている．
例えば，棒材を用いるときに取り付けの制約上，ある程度の太さが必要だが，強度・剛性が必要以上に高い場合，下図のような断面変更を行えば，重量を約5割も削減できる．
逆に，同じ重量の材料が与えられている場合は，中実棒よりも外径の大きいパイプを用いた方が強度・剛性はともに向上する．

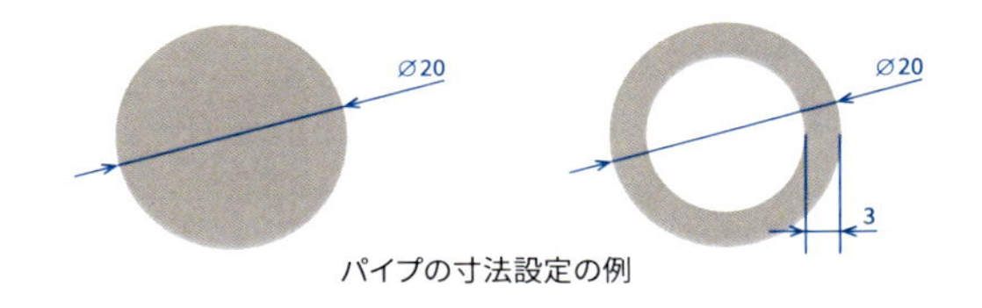

パイプの寸法設定の例

※2 **電縫管**［でんほうかん］（electric resistance welded tube）
素材の素管を数組のロールにより円筒状に連続成形した後，その軸方向の継ぎ目部を電気抵抗溶接機で突合せ溶接して造る鋼管のこと．

※3 **熱間加工**（hot working）
材料を再結晶温度以上に加熱して行う塑性加工のこと．

※4 **融接**（fusion welding）
溶融溶接の略称のこと．母材の一部を融解し，機械的圧力を付加せずに行う溶接方法である．

※5 **圧接**（pressure welding）
複数の金属を接合する際に，それらの材料を溶融することなく，圧力を加えて接合することをいう．

02 楕円パイプの使用

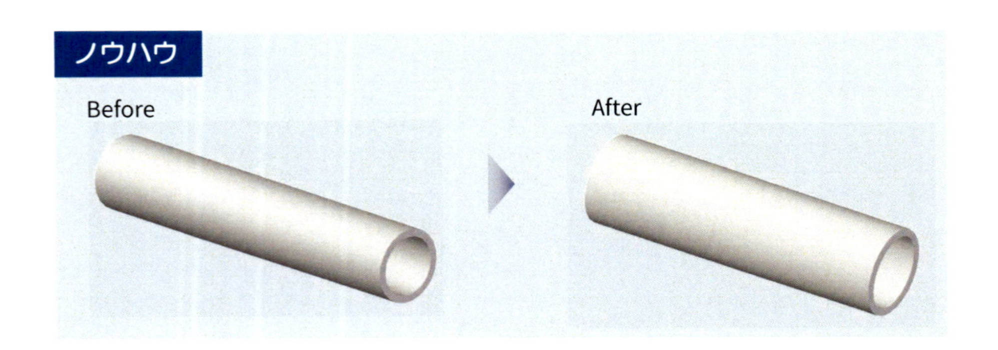

効果

板厚の増加を避けながら，パイプの強度および剛性を向上させる．

楕円の長軸方向の断面二次モーメント※1が高いため，曲げ剛性が向上する．また，断面係数※2の高い部分が応力を負担することで，拘束端でのミーゼス応力※4の最大値が減少し強度が向上する．

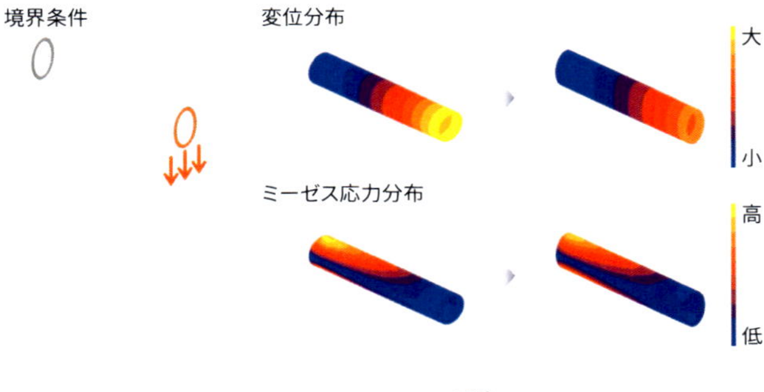

事例

自転車のフレームに使用されている．軽量化とともに，大きな荷重のかかる縦方向に対する強度と剛性を確保している．

自転車のフレーム

※1 断面二次モーメント
(second moment of area)
曲げモーメントに対する物体の変形のしにくさを表した量のこと．物体の断面形状を変えると，断面二次モーメントの値も変化するので，構造物の耐久性を向上させるうえで，設計上の指標として用いられる．

※2 断面係数
(modulus of section)
断面二次モーメントを図心※3から端面までの距離で除したもので，端面に生じる曲げ応力の最大値を求める際に使用する係数のこと．

※3 図心 (centroid)
部材断面の中心のこと．

※4 ミーゼス応力
(von Mises stress)
延性材料の降伏強度を判断する指標のこと．3次元の応力状態を合成し，単軸（1次元）状態に置き換えた応力．単位体積あたりのせん断ひずみエネルギーが限界を超えると，材料が降伏するという説に基づいている．

条件

■ 荷重の方向

良い条件

楕円の長軸方向の荷重に対して，強度および剛性ともに向上する．（今回の例では上下方向．）

良くない条件

一方で，短軸方向の荷重に対しては強度および剛性ともに低下する．

■ 材料

金属，プラスチック，セラミック，木材など，多くの材料に適用可能である．

■ 加工

金属においては，丸パイプをプレス加工※5によりつぶすのが一般的である．なお，鉄鋼のパイプには，継ぎ目なし鋼管と電縫管※6の2種類がある．継ぎ目なし鋼管は熱間加工※7でパイプ形状に造られるのに対して，電縫管（溶接管）は板状の鉄鋼部材をロールにより管状に成形し，融接※8または圧接※9で接合され，コストも比較的割安である．

■ 寸法

楕円の短軸方向の荷重に弱いため，部材が使用される荷重条件に応じて，楕円の長径と短径の比を考慮する必要がある．

※5 **プレス加工（press working）**
プレス機械を用いて材料を塑性変形させて加工する方法のこと．板状素材を加工する板金プレス加工，塊状素材を加工する鍛造プレス加工，粉末を圧縮して成形する粉末プレス加工などがある．

※6 **電縫管［でんほうかん］（electric resistance welded tube）**
素材の素管を数組のロールにより円筒状に連続成形した後，その軸方向の継ぎ目部を電気抵抗溶接機で突合せ溶接して造る鋼管のこと．

※7 **熱間加工（hot working）**
材料を再結晶温度以上に加熱して行う塑性加工のこと．

※8 **融接（fusion welding）**
溶融溶接の略称のこと．母材の一部を融解し，機械的圧力を付加せずに行う溶接方法である．

※9 **圧接（pressure welding）**
複数の金属を接合する際に，それらの材料を溶融することなく，圧力を加えて接合することをいう．

03 テーパパイプの使用

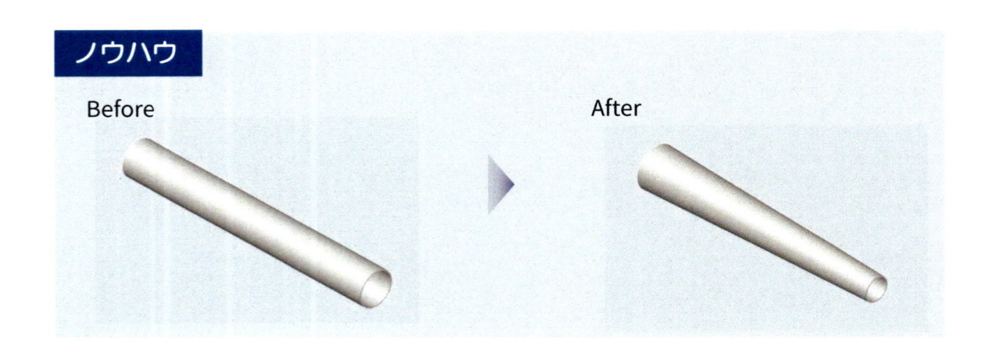

効果

パイプの強度および剛性を向上させることができる．片持ち梁の条件において，拘束端に近づくにつれて応力が増加するため，拘束端側の部材が増えることで，変位量とミーゼス応力※1の最大値が減少し，強度および剛性ともに向上する．

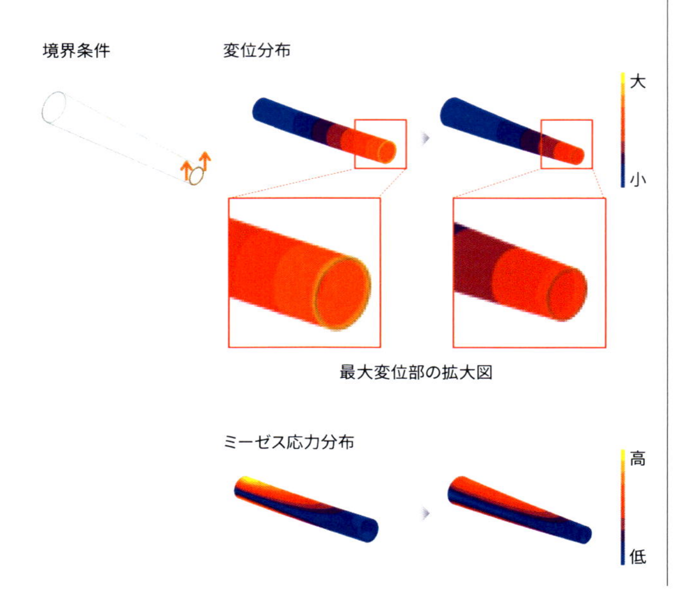

※1 ミーゼス応力
(von Mises stress)
延性材料の降伏強度を判断する指標のこと．3次元の応力状態を合成し，単軸（1次元）状態に置き換えた応力．単位体積あたりのせん断ひずみエネルギーが限界を超えると，材料が降伏するという説に基づいている．

条件

■ 荷重の方向

良い条件

曲げに対して，強度および剛性ともに向上する．

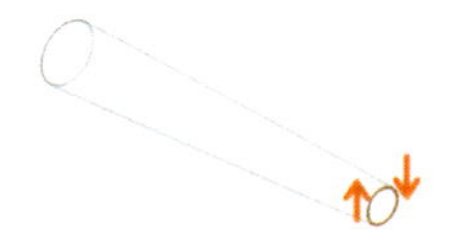

また，ねじりに対しても強度および剛性ともに向上する．

良くない条件

一方で，引張りに対しては強度および剛性ともに低下する．

■ 材料

金属，プラスチック，セラミック，木材など，多くの材料に適用可能である．

■ 加工

鉄鋼のパイプには，継ぎ目なし鋼管と電縫管[※2]の2種類がある．継ぎ目なし鋼管は熱間加工[※3]でパイプ形状に造られるのに対して，電縫管（溶接管）は板状の鉄鋼部材をロールにより管状に成形し，融接[※4]または圧接[※5]で接合され，コストも比較的割安である．

※2 電縫管［でんほうかん］(electric resistance welded tube)
素材の素管を数組のロールにより円筒状に連続成形した後，その軸方向の継ぎ目部を電気抵抗溶接機で突合せ溶接してつくる鋼管のこと．

※3 熱間加工 (hot working)
材料を再結晶温度以上に加熱して行う塑性加工のこと．

※4 融接 (fusion welding)
溶融溶接の略称のこと．母材の一部を融解し，機械的圧力を付加せずに行う溶接方法である．

※5 圧接 (pressure welding)
複数の金属を接合する際に，それらの材料を溶融することなく，圧力を加えて接合することをいう．

04 電縫管におけるシームの配置

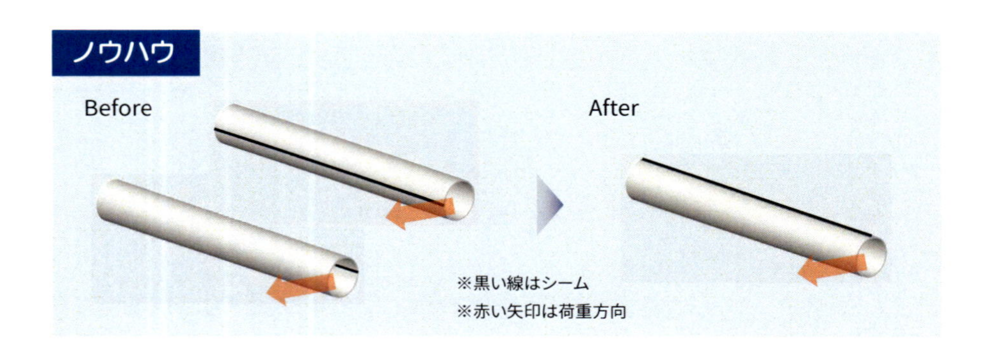

効果

板厚の増加を避けながら，曲げに対する電縫管[※1]の強度および剛性を向上させることができる．曲げ方向の内側と外側にはそれぞれ圧縮と引張を受けるため，シーム[※2]位置を避けることで物性値の急変による応力集中を防ぎ，ミーゼス応力[※3]の最大値が減少する．電縫管の曲げ加工においても，この方向の曲げに対して注意する必要がある．

境界条件

シームの物性を，
実態に合わせて設定し解析した．

▽

変位分布：わずかに最大値の減少が認められる

大

小

ミーゼス応力分布：わずかに最大値の減少が認められる

高

低

※1 電縫管［でんほうかん］
(electric resistance welded tube)
素材の素管を数組のロールにより円筒状に連続成形した後，その軸方向の継ぎ目部を電気抵抗溶接機で突合せ溶接してつくる鋼管のこと．

※2 シーム (seam)
縫い目，合わせ目のこと．
ここでは電縫管の溶接部を指す．

※3 ミーゼス応力
(von Mises stress)
延性材料の降伏強度を判断する指標のこと．3次元の応力状態を合成し，単軸（1次元）状態に置き換えた応力．単位体積あたりのせん断ひずみエネルギーが限界を超えると，材料が降伏するという説に基づいている．

条件

■ シームの位置

良い条件

曲げに対して，強度および剛性ともに向上する．

良くない条件

曲げ方向の内側に，シーム位置を配置した場合，強度および剛性ともに低下する．

また，曲げ方向の外側に，シーム位置を配置した場合も，強度および剛性ともに低下する．

■ 材料

鉄鋼材料の電縫管に適用可能である．

■ 加工

鉄鋼のパイプには，継ぎ目なし鋼管と電縫管の2種類がある．継ぎ目なし鋼管は熱間加工※4でパイプ形状に造られるのに対して，電縫管（溶接管）は板状の鉄鋼部材をロールにより管状に成形し，融接※5または圧接※6で接合され，コストも比較的割安である．

※4 **熱間加工**（hot working）
材料を再結晶温度以上に加熱して行う塑性加工のこと．

※5 **融接**（fusion welding）
溶融溶接の略称のこと．母材の一部を融解し，機械的圧力を付加せずに行う溶接方法である．

※6 **圧接**（pressure welding）
複数の金属を接合する際に，それらの材料を溶融することなく，圧力を加えて接合することをいう．

05 拘束端へのインナパイプ・アウタパイプの追加

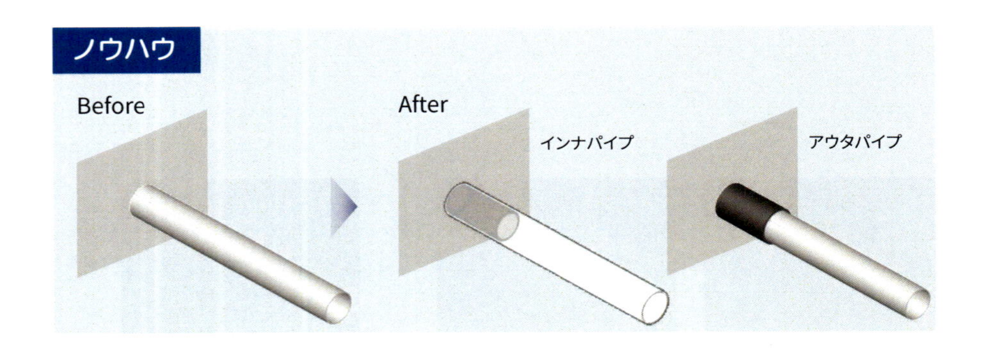

効果

パイプの強度および剛性を向上させることができる. パイプを追加することで拘束端の断面二次モーメント※1が増加し，曲げ剛性が向上する．また，増えた部材が応力を負担し，拘束端でのミーゼス応力※2の最大値が減少し，強度が向上する．

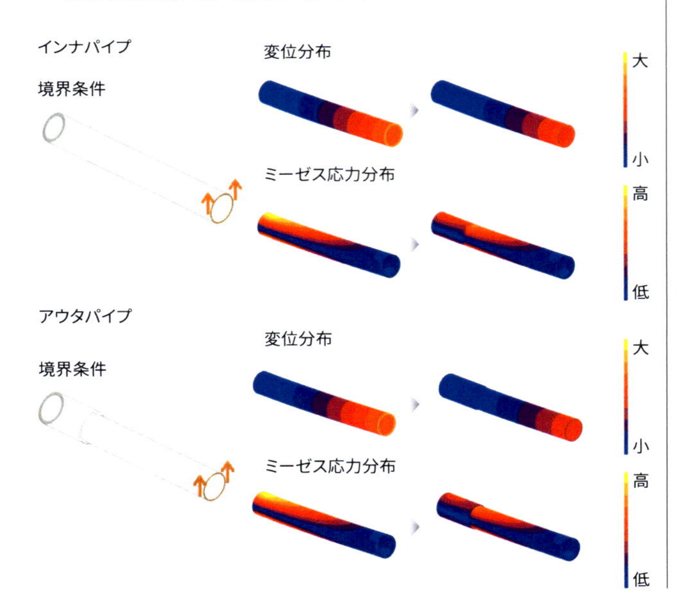

※1 断面二次モーメント
(second moment of area)
曲げモーメントに対する物体の変形のしにくさを表した量のこと．物体の断面形状を変えると，断面二次モーメントの値も変化するので，構造物の耐久性を向上させるうえで，設計上の指標として用いられる．

※2 ミーゼス応力
(von Mises stress)
延性材料の降伏強度を判断する指標のこと．3次元の応力状態を合成し，単軸（1次元）状態に置き換えた応力．単位体積あたりのせん断ひずみエネルギーが限界を超えると，材料が降伏するという説に基づいている．

条件

■ 荷重の方向

良い条件

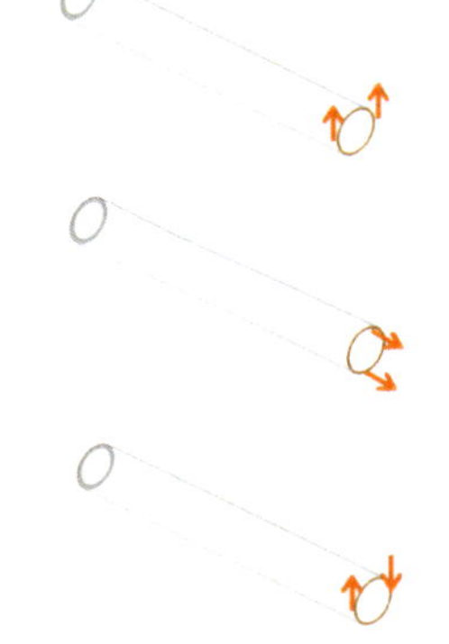

曲げに対して，強度および剛性ともに向上する．

引張りに対して，強度および剛性ともに向上する．

ねじりに対して，剛性は向上するものの，強度においては向上が認められない．

■ 材料

金属，プラスチック，セラミック，木材など，多くの材料に適用可能である．

■ 加工

金属においては，母材のパイプに金槌で打ち込むことで加工することができる．なお，電縫管※3を使用する場合は，二つの接触するパイプのシーム※4位置が重なることは避ける必要がある．また，レバーの支持端などに使用する場合は，インナパイプを打ちこんだ後に，プレス加工※5によって端部をつぶすことで，ほかの部材との取り付けが容易になる．

■ 寸法

パイプの拘束端の補強に使用されることが多いため，使用される条件に応じてインナパイプ・アウタパイプの長さ寸法を決める必要がある．

※3 電縫管［でんほうかん］(electric resistance welded tube)
素材の素管を数組のロールにより円筒状に連続成形した後，その軸方向の継ぎ目部を電気抵抗溶接機で突合せ溶接して造る鋼管のこと．

※4 シーム (seam)
縫い目，合わせ目のこと．ここでは電縫管の溶接部を指す．

※5 プレス加工 (press working)
プレス機械を用いて材料を塑性変形させて加工する方法のこと．板状素材を加工する板金プレス加工，塊状素材を加工する鍛造プレス加工，粉末を圧縮して成形する粉末プレス加工などがある．

06 角パイプの使用

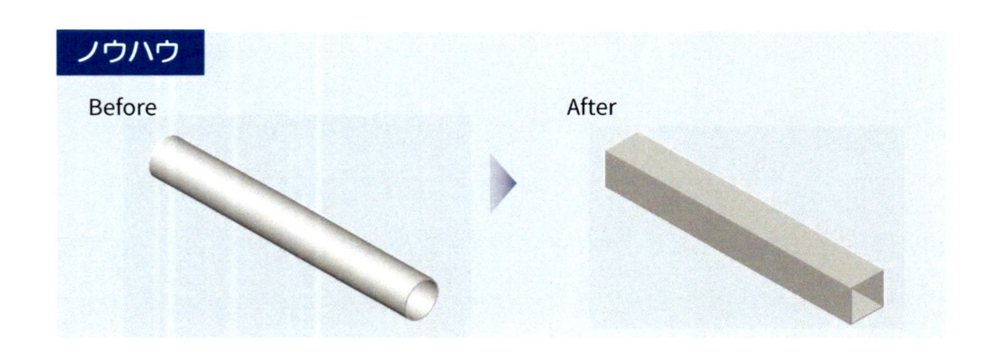

効果

パイプの強度および剛性を向上させることができる．断面二次モーメント※1が増加し，曲げ剛性が向上する．また，断面係数※2の高い上・下縁部が応力を負担することで，拘束端でのミーゼス応力※4の最大値が減少し，強度が向上する．

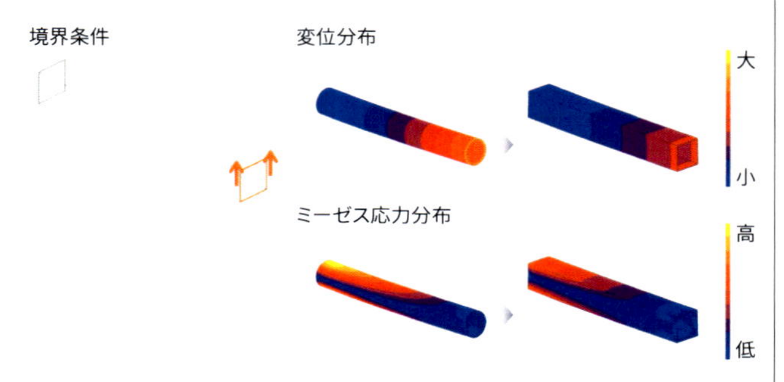

事例

金属製の本棚の柱部分にみられる．丸パイプと比較して，組み立てやすい形状であり，断面を広げることで，各部材の強度向上および高剛性化に効果がある．

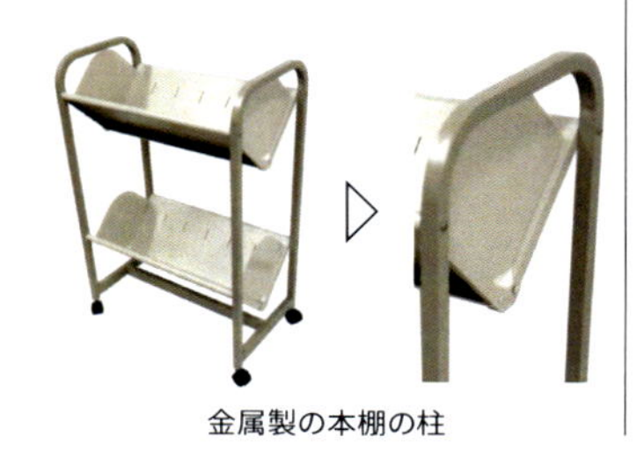

金属製の本棚の柱

※1 断面二次モーメント
(second moment of area)
曲げモーメントに対する物体の変形のしにくさを表した量のこと．物体の断面形状を変えると，断面二次モーメントの値も変化するので，構造物の耐久性を向上させるうえで，設計上の指標として用いられる．

※2 断面係数
(modulus of section)
断面二次モーメントを図心※3から端面までの距離で除したもので，端面に生じる曲げ応力の最大値を求める際に使用する係数のこと．

※3 図心 (centroid)
部材断面の中心のこと．

※4 ミーゼス応力
(von Mises stress)
延性材料の降伏強度を判断する指標のこと．3次元の応力状態を合成し，単軸（1次元）状態に置き換えた応力．単位体積あたりのせん断ひずみエネルギーが限界を超えると，材料が降伏するという説に基づいている．

条件

■ 荷重の方向

良い条件

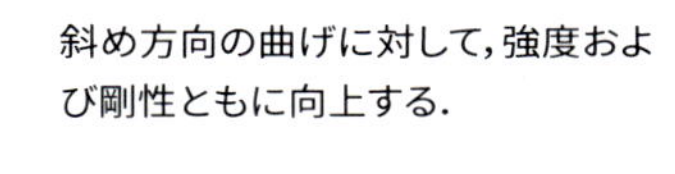

曲げに対して，強度および剛性ともに向上する．

斜め方向の曲げに対して，強度および剛性ともに向上する．

引張りに対して，強度および剛性ともに向上する．

■ 材料

金属，プラスチック，セラミック，木材など，多くの材料に適用可能である．

■ 加工

鉄鋼材料のパイプには，継ぎ目なし鋼管と電縫管※5の2種類がある．継ぎ目なし鋼管は熱間加工※6でパイプ形状に造られるのに対して，電縫管（溶接管）は板状の鉄鋼部材をロールにより管状に成形し，融接※7または圧接※8で接合され，コストも比較的割安である．

■ 寸法

パイプの断面を制約スペースに対して極力広げることで，強度・剛性の向上効果が期待できる．しかし，それに伴い部材の重量・コストは増加する可能性もあるので注意が必要である．

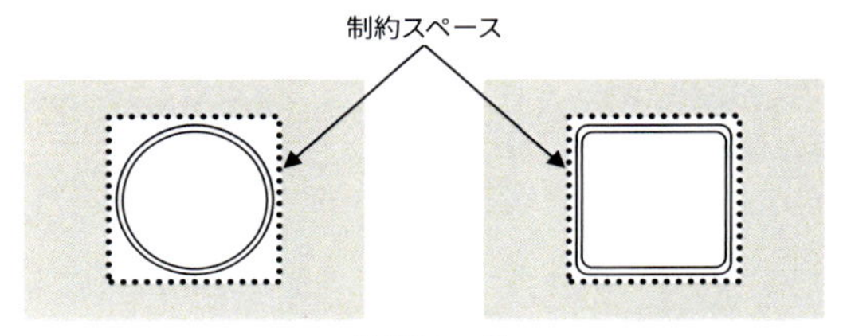

寸法設定の例

※5 **電縫管**［でんほうかん］（electric resistance welded tube）
素材の素管を数組のロールにより円筒状に連続成形した後，その軸方向の継ぎ目部を電気抵抗溶接機で突合せ溶接して造る鋼管のこと．

※6 **熱間加工**（hot working）
材料を再結晶温度以上に加熱して行う塑性加工のこと．

※7 **融接**（fusion welding）
溶融溶接の略称のこと．母材の一部を融解し，機械的圧力を付加せずに行う溶接方法である．

※8 **圧接**（pressure welding）
複数の金属を接合する際に，それらの材料を溶融することなく，圧力を加えて接合することをいう．

07 パイプ同士の十字溶接周り形状の工夫

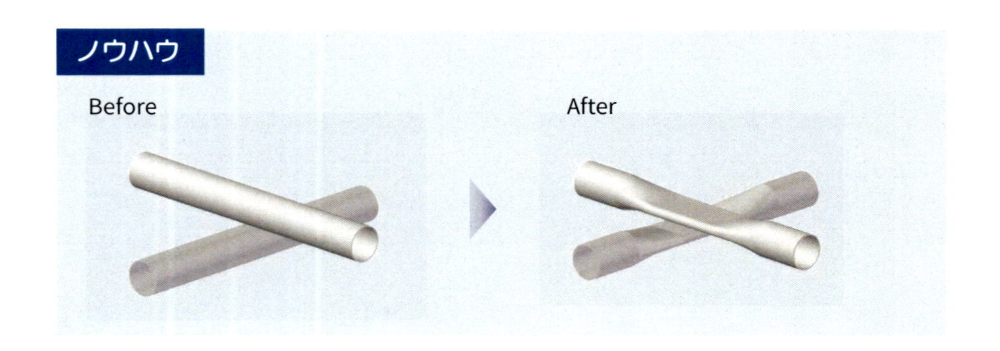

効果

パイプ溶接※1部の強度および剛性を向上させることができる. パイプ同士の十字溶接は，パイプ同士の接する部分が1点となり，溶接箇所の安定性が得られない．そのため，パイプ同士の接する部分をつぶして接合することにより溶接部の強度および剛性を向上させることができる．

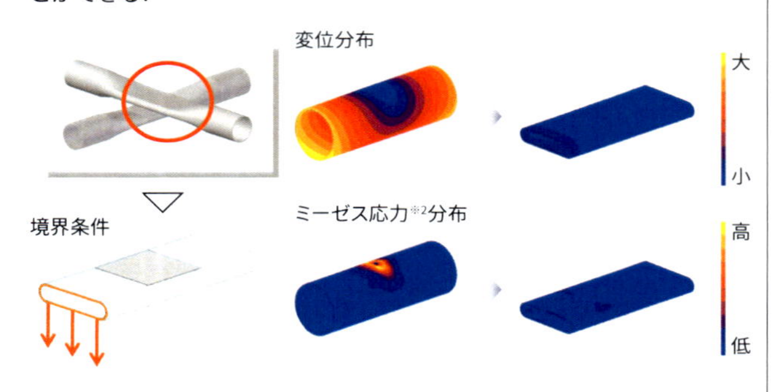

事例

パイプを脚部に用いたいすなどにおいて，パイプが十字に交差している部位に用いられている．交差部位にノウハウを適用することで強度および剛性を向上させている．

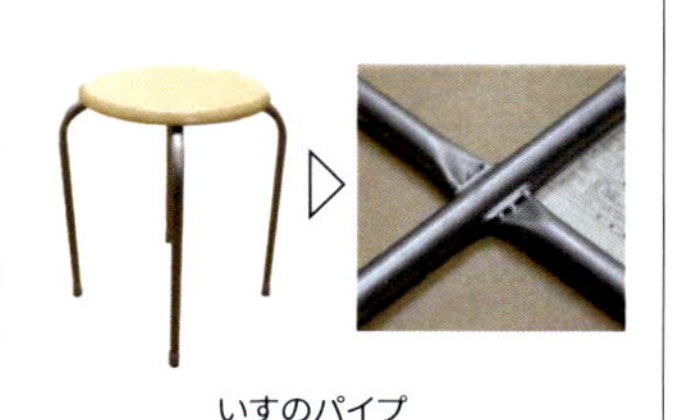
いすのパイプ

※1 溶接（welding）
複数の金属材料あるいは非金属材料を，加熱あるいは加圧により原子間結合させることで接合する行為，あるいは接合されたもののこと．
溶接は，母材の接合部を過熱溶融して接合する溶融溶接（融接）と，母材接合面を突き合わせて加熱あるいは加圧し固相状態で接合する固相接合（圧接）に大別される．

※2 ミーゼス応力（von Mises stress）
延性材料の降伏強度を判断する指標のこと．3次元の応力状態を合成し，単軸（1次元）状態に置き換えた応力．単位体積あたりのせん断ひずみエネルギーが限界を超えると，材料が降伏するという説に基づいている．

条件

■ 荷重の方向

良い条件

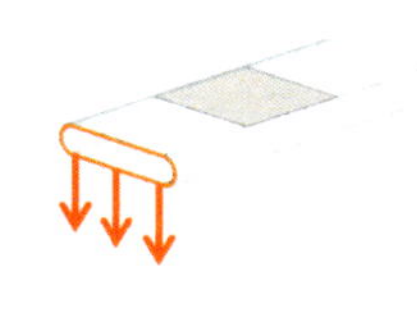

曲げに対して,強度および剛性ともに向上する.

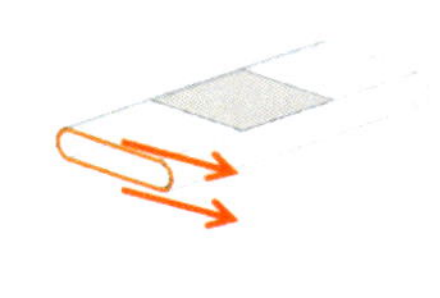

せん断に対して,強度および剛性ともに向上する.

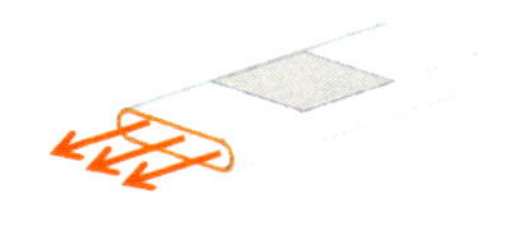

引張りに対して,強度および剛性ともに向上する.

上図で示す荷重に対して効果が認められるが，平坦につぶしたパイプ自体の断面性能は低下しているので，溶接部に過度な荷重がかからないように注意する必要がある．特に，パイプ肉厚およびつぶした箇所の断面変化によっては，強度・剛性上不利になるため注意する必要がある．

■ 材料

パイプをつぶす加工や溶接が可能な金属に対して適用可能である．

■ 加工

パイプをプレス加工※3などによりつぶし，その後平坦になった部分を溶接する．

鉄鋼のパイプには，継ぎ目なし鋼管と電縫管※4の2種類がある．継ぎ目なし鋼管は熱間加工※5でパイプ形状に造られるのに対して，電縫管（溶接管）は板状の鉄鋼部材をロールにより管状に成形し，融接※6または圧接※7で接合され，コストも比較的割安である．

※3 **プレス加工**（press working）
プレス機械を用いて材料を塑性変形させて加工する方法のこと．板状素材を加工する板金プレス加工，塊状素材を加工する鍛造プレス加工，粉末を圧縮して成形する粉末プレス加工などがある．

※4 **電縫管**［でんほうかん］（electric resistance welded tube）
素材の素管を数組のロールにより円筒状に連続成形した後，その軸方向の継ぎ目部を電気抵抗溶接機で突合せ溶接してつくる鋼管のこと．

※5 **熱間加工**（hot working）
材料を再結晶温度以上に加熱して行う塑性加工のこと．

※6 **融接**（fusion welding）
溶融溶接の略称のこと．母材の一部を融解し，機械的圧力を付加せずに行う溶接方法である．

※7 **圧接**（pressure welding）
複数の金属を接合する際に，それらの材料を溶融することなく，圧力を加えて接合することをいう．

08 パイプ同士の鋭角溶接周り形状の工夫

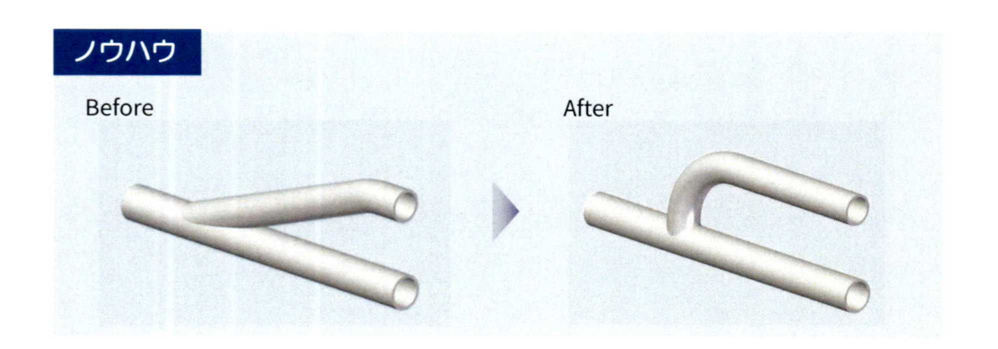

効果

パイプの溶接[※1]部の強度を向上させることができる．パイプ同士の鋭角溶接は，その溶接面の形状が複雑なため安定しないうえに，鋭角部に応力集中を起こしやすいので，パイプを鈍角につなげることにより，溶接部の応力集中を避ける．ただし，変位は増加するため注意する必要がある．

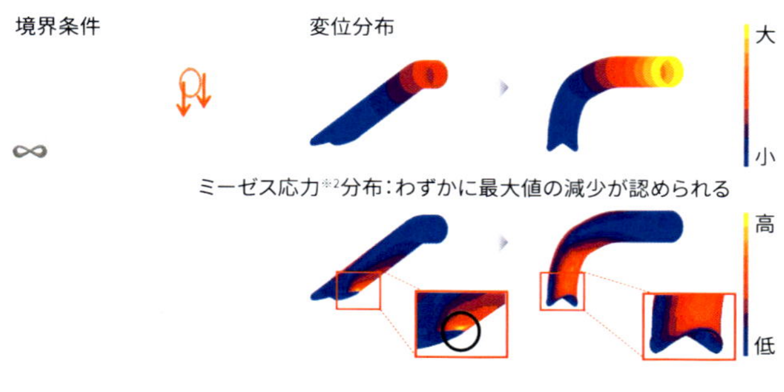

事例

車いすのフレームに適用されている．鋭角溶接を避けるように，パイプが鈍角につなげられている．

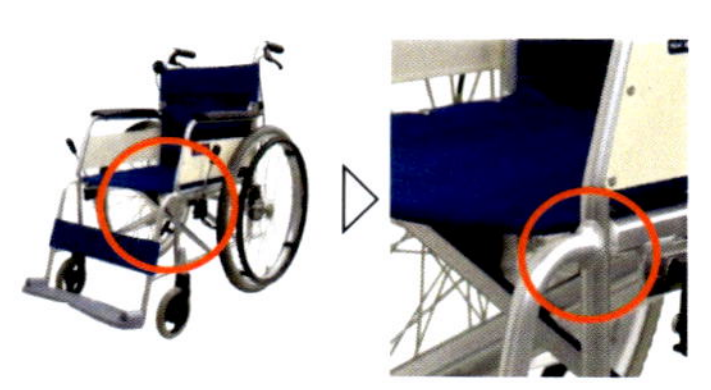

車いすのパイプ

※1 溶接（welding）
複数の金属材料あるいは非金属材料を，加熱あるいは加圧により原子間結合させることで接合する行為，あるいは接合されたもののこと．
溶接は，母材の接合部を過熱溶融して接合する溶融溶接（融接）と，母材接合面を突き合わせて加熱あるいは加圧し固相状態で接合する固相接合（圧接）に大別される．

※2 ミーゼス応力（von Mises stress）
延性材料の降伏強度を判断する指標のこと．3次元の応力状態を合成し，単軸（1次元）状態に置き換えた応力．単位体積あたりのせん断ひずみエネルギーが限界を超えると，材料が降伏するという説に基づいている．

条件

■ 荷重の方向

良い条件

下方向の曲げに対して，強度および剛性ともに向上する．

横方向の曲げに対して，強度および剛性ともに向上する．

良くない条件

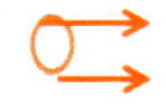

鋭角側の方向の曲げに対して，強度および剛性ともに低下する．

■ 材料

溶接可能な金属のパイプに適用可能である．

■ 加工

曲げ加工を行った後に溶接を行う．パイプの曲げRは小さすぎると，パイプがつぶれてしまうため，寸法に配慮する必要がある．また，パイプ同士の溶接は端面形状が複雑なため，コストも高くなる可能性がある．鋭角のつなぎが避けられない場合，ブラケット[※3]をつけて補強することで対応する方法もある．

※3 ブラケット（bracket）
機械の構成部品同士を結合させるための部品のこと．一般的に，他の部品を固定・サポートするために使用される．

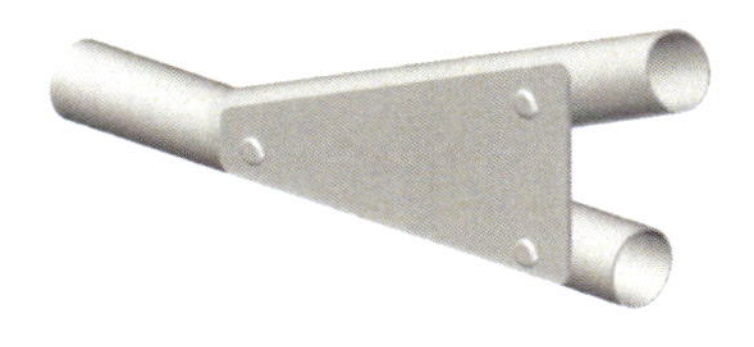

ブラケットによる補強例

09 パイプのR部周り溶接形状の工夫

ノウハウ

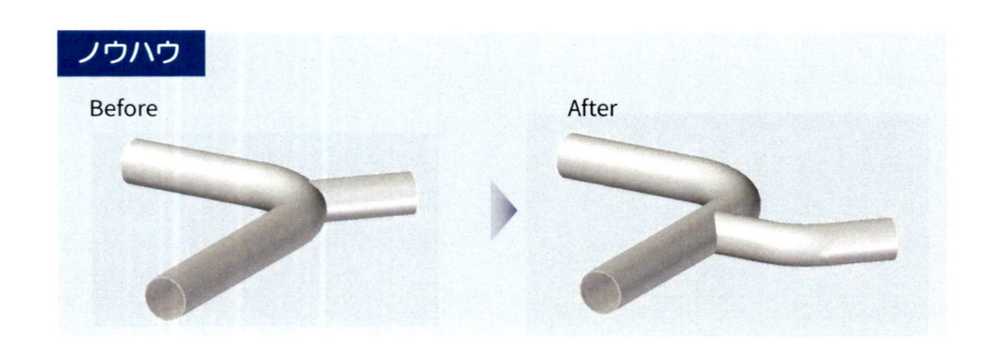

効果

パイプ溶接[※1]部の強度を向上させることができる．パイプのR部への溶接は，その溶接面の形状が複雑なため安定しない．溶接箇所を直線部に移すことで，溶接面の形状を改善する．それにより，強度が向上され，溶接面の加工の手間も減少させられる．

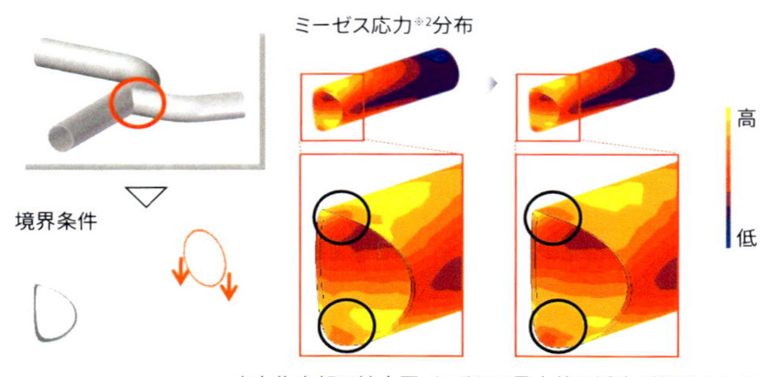

応力集中部の拡大図：わずかに最大値の減少が認められる

事例

車いすのフレームに適用されている．フレームのR部への溶接を避けるように，フレームの直線部へパイプがつながれている．

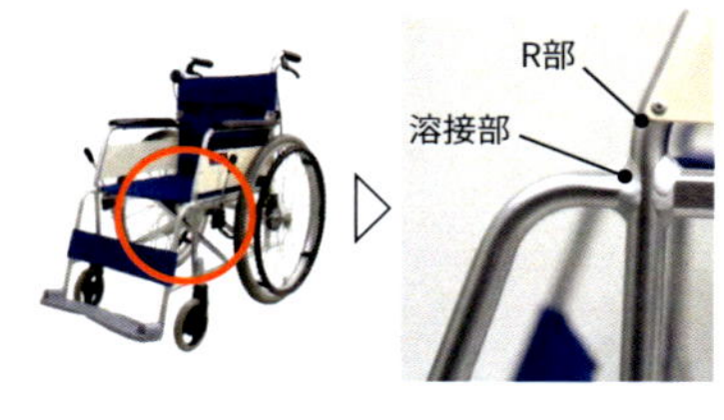

車いすのフレーム

※1 溶接（welding）
複数の金属材料あるいは非金属材料を，加熱あるいは加圧により原子間結合させることで接合する行為，あるいは接合されたもののこと．
溶接は，母材の接合部を過熱溶融して接合する溶融溶接（融接）と，母材接合面を突き合わせて加熱あるいは加圧し固相状態で接合する固相接合（圧接）に大別される．

※2 ミーゼス応力
（von Mises stress）
延性材料の降伏強度を判断する指標のこと．3次元の応力状態を合成し，単軸（1次元）状態に置き換えた応力．単位体積あたりのせん断ひずみエネルギーが限界を超えると，材料が降伏するという説に基づいている．

条件

■ 荷重の方向

良い条件

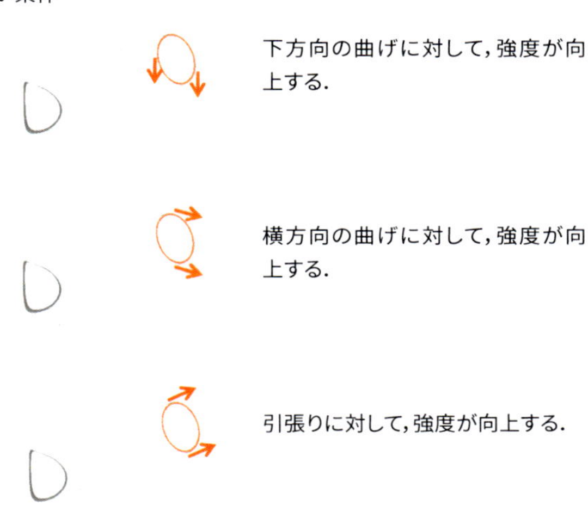

■ 材料

溶接が可能な金属のパイプに対して適用可能である.

■ 加工

溶接部の端面の形状が複雑であるため，強度の低下や，加工におけるコストの上昇などの可能性がある．パイプ同士の溶接が避けられず，溶接の手間を省きたいときはブラケット※3を使用して接続する方法もある.

※3 ブラケット（bracket）
機械の構成部品同士を結合させるための部品のこと．一般的に，他の部品を固定・サポートするために使用される.

ブラケットによる接続例

10 パイプに固着したブラケット形状の工夫

ノウハウ

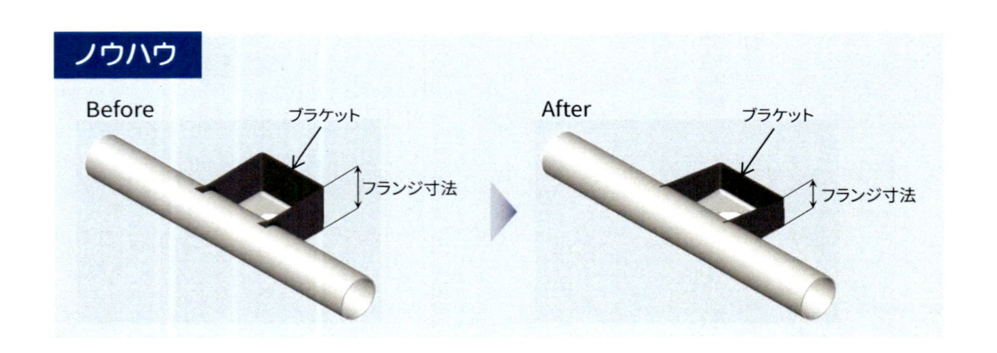

効果

一定の強度および剛性を保持しながら軽量化できる可能性がある．

ブラケット※1のフランジ※2にかかる応力の負担は小さいため，パイプ径よりも小さなフランジ寸法で，強度および剛性を保てる可能性がある．

ブラケットの部分をモデル化し解析した．

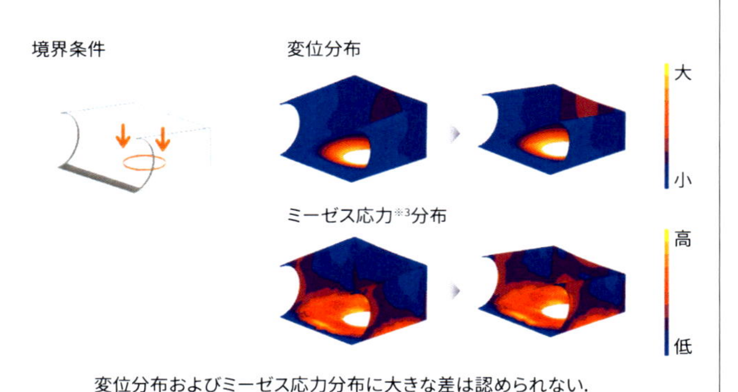

変位分布およびミーゼス応力分布に大きな差は認められない．

※1 ブラケット（bracket）
機械の構成部品同士を結合させるための部品のこと．一般的に，他の部品を固定・サポートするために使用される．

※2 フランジ（frange）
円板状，平板状に突き出した部材に対する呼称のこと．梁のフランジは断面二次モーメントが増加し，曲げ剛性が向上する．

※3 ミーゼス応力
（von Mises stress）
延性材料の降伏強度を判断する指標のこと．3次元の応力状態を合成し，単軸（1次元）状態に置き換えた応力．単位体積あたりのせん断ひずみエネルギーが限界を超えると，材料が降伏するという説に基づいている．

条件

■ 荷重の方向

良い条件

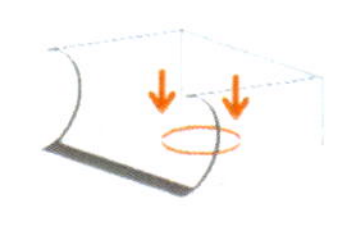

下向きの荷重に対して，強度および剛性を保持したまま軽量化できる．

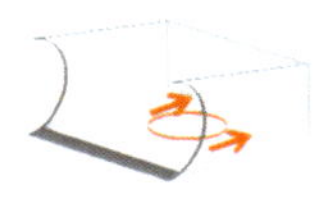

横向きの荷重に対して，強度および剛性を保持したまま軽量化できる．

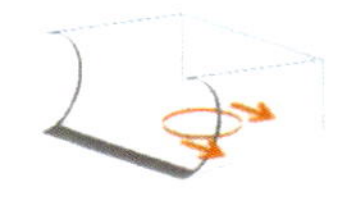

左図のような横向きの荷重に対しても，強度および剛性を保持したまま軽量化できる．

上図で示す荷重に対して，効果が認められる．しかし，いずれの条件下においても，強度および剛性がわずかながら低下することに注意する必要がある．

■ 材料

基本的には金属が用いられるが，プラスチック，セラミック，木材などにも適用可能である．

■ 加工

金属においては，パイプとブラケットをそれぞれ成形したあとに，溶接※4により，ブラケットをパイプに固着させる方法が一般的である．その際，ブラケットの溶接面がパイプにフィットする形状となるよう注意する必要がある．
プラスチックにおいては，射出成形※5で一体的に成形可能であるが，ヒケ※6やボイド※7という成形不良が生じない範囲で，ブラケットの寸法を設定する必要がある．また，ウェルドライン※8がブラケット接合付近に重ならないようゲート※9の位置を工夫する必要がある．応力集中を起こしやすい部分に，ウェルドラインが重なると破壊の原因となる．

※4 溶接（welding）
複数の金属材料あるいは非金属材料を，加熱あるいは加圧により原子間結合させることで接合する行為，あるいは接合されたもののこと．
溶接は，母材の接合部を過熱溶融して接合する溶融溶接（融接）と，母材接合面を突き合わせて加熱あるいは加圧し固相状態で接合する固相接合（圧接）に大別される．

※5 射出成形（injection molding）
材料を加熱溶融し，低温に維持された金型に流入させ，冷却固化させて製品を得る成形方法のこと．

※6 ヒケ（sink）
材料が起こす成形収縮に伴い生じるへこみや窪みにより，製品の表面性が失われる現象のこと．製品の外観不良につながる．

※7 ボイド（void）
成形品の内部に空気の溜まりができる現象のこと．材料強度の低下を招く．

※8 ウェルドライン（weld line）
射出成形において，金型内で溶融樹脂の流れが合流した部分に発生する細い線のこと．ウェルドライン付近は，外観が悪いだけでなく，機械的強度も低い．

※9 ゲート（gate）
射出成形において，溶融した樹脂が射出成形機から，金型に入る入り口のこと．材料の流れや充填率に大きく影響を及ぼす．

11 軸の段付き部周りにおけるキー溝位置の工夫

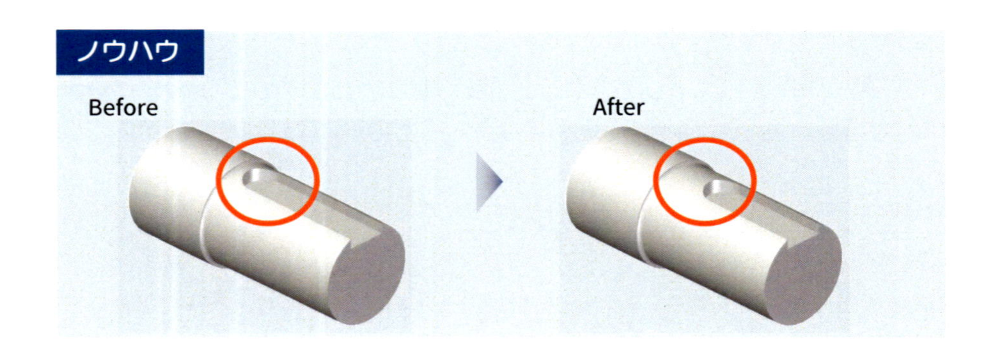

効果

キー溝[※1] における強度および剛性を向上させることができる． 軸段部とキー溝による2つの形状急変箇所の距離をあけることで，応力集中が緩和され，ミーゼス応力[※2]の最大値が減少する．また，キー溝周りの部材が増えることで変位量も減少する．

境界条件

変位分布

大

小

最大変位部の拡大図

ミーゼス応力分布

高

低

応力集中部の拡大図

※1 **キー（key），キー溝（key way）**
キーとは，軸からの動力を他の機械要素（歯車など）へ効率よく伝えるための機械要素のこと．マシンキーともいう．また，そのキーを打ちこむ穴をキー溝という．下図は平行キーの例である．

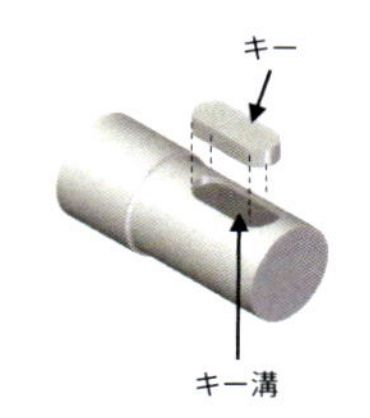

※2 **ミーゼス応力**
(von Mises stress)
延性材料の降伏強度を判断する指標のこと．3次元の応力状態を合成し，単軸（1次元）状態に置き換えた応力．単位体積あたりのせん断ひずみエネルギーが限界を超えると，材料が降伏するという説に基づいている．

条件

■ 荷重の方向

良い条件

上図で示す荷重に対して効果が認められる．キーの長さを短くする場合には，キーが受けるせん断応力に注意する必要がある．

■ 材料

鉄鋼（S45C, S50C, SUSなど）に適用可能である．

■ 加工

キー溝加工機，キー溝盤などにより，通常はフライス削り※3を用いてキー溝を加工する．

※3 **フライス削り（milling）**
フライスを用いた切削加工のこと．フライスとは，工具の外周面，端面または側面に切れ刃を持ち，回転切削する工具のこと．

■ 強度の注意

キーが変形すると機能が果たせなくなってしまう．特に，せん断強度が問題になる．そこで，代表的なキーである，平行キーのせん断強度を計算するための式を挙げる．キーではせん断応力が問題となる．トルクの大きさ T を伝達する半径 r の軸に使うキーの幅を b，キーの長さを l としたとき，キーが受けるせん断応力 τ は，

$$\tau = \frac{T}{rbl}$$

となる．計算して求めたせん断応力を，キーの材質と安全率※4を十分に考慮した許容応力以下にする必要がある．

※4 **安全率（safety factor）**
不具合現象に関して，不具合発生条件の下限界と不具合原因の上限界の比率により，不具合現象が発生しない余裕を定量的に表す尺度のこと．

■ スペースの注意

キー溝と軸段部との距離を広くとると，キーの入るスペースが短くなる．必要な寸法のキーが入るスペースの確保が必要である．

12 平板上の軸穴に対する段付き部の設置

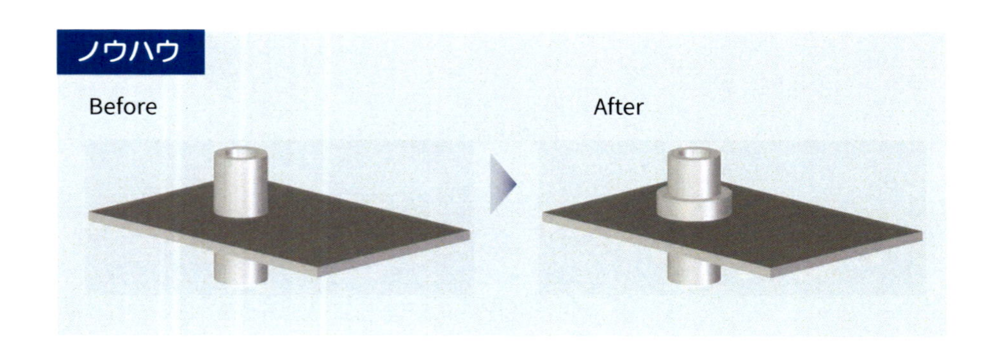

効果

板材の強度および剛性を向上させることができる．軸穴周りの応力を段付き部が負担することで，ミーゼス応力[※1]の最大値が減少し，強度が向上する．また，軸穴周りに段付き部を設置することで，板材の変位量を抑え，剛性が向上する．

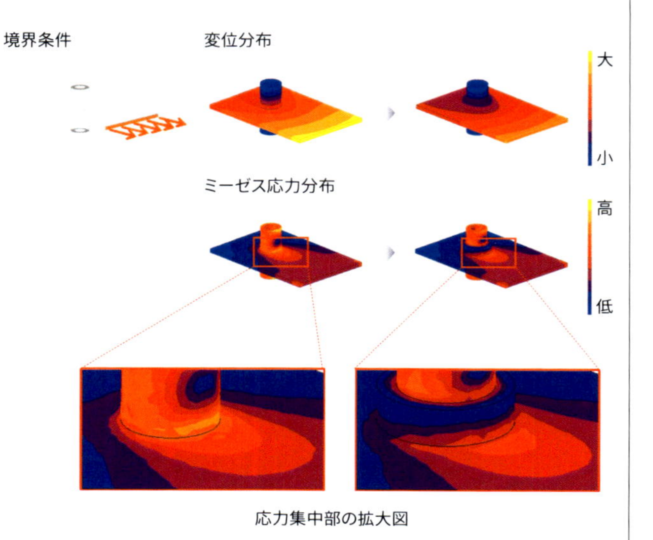

応力集中部の拡大図

※1 ミーゼス応力
(von Mises stress)
延性材料の降伏強度を判断する指標のこと．3次元の応力状態を合成し，単軸（1次元）状態に置き換えた応力．単位体積あたりのせん断ひずみエネルギーが限界を超えると，材料が降伏するという説に基づいている．

条件

■ 荷重の方向

良い条件

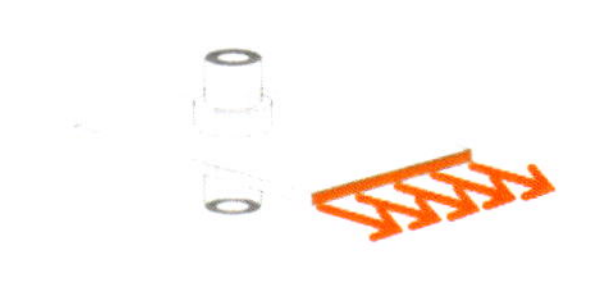

引張りに対して，強度および剛性ともに向上する．

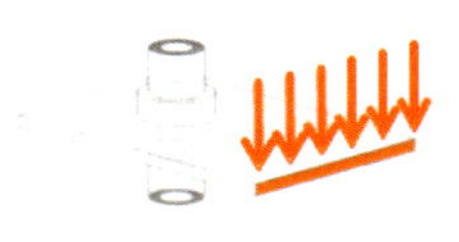

曲げに対して，強度および剛性ともに向上する．

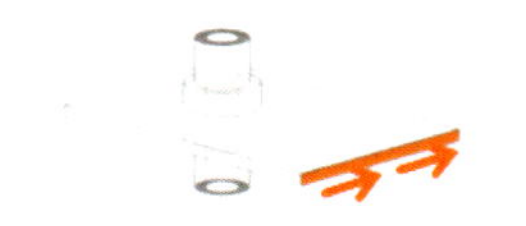

せん断に対して，強度および剛性ともに向上する．

■ 材料

金属からプラスチックまで広く適用可能である．また，軸穴周りには段付き部としてブッシュ※2が多く使用される．ブッシュはゴムや硬質プラスチックで造られるものもあり，衝撃の緩和や，保護，振動吸収や摩耗防止のためにも使用される．

■ 加工

プラスチックにおいては，射出成形※3で一体的に成形可能であるが，アンダーカット※4起こらないように注意が必要である．相手部品のブッシュが切削※5による成形の場合はコストの上昇が大きい．しかし，転造※6ならばコストの上昇を抑えることができる．

※2 ブッシュ（bush, bushing）
軸受けなどにおいて，軸と平板の隙間を埋める金属やプラスチックでできた部品のこと．

※3 射出成形
（injection molding）
材料を加熱溶融し，低温に維持された金型に流入させ，冷却固化させて製品を得る成形方法のこと．

※4 アンダーカット（under cut）
金型を開いて製品を取り出すことができない形状のこと．製品の形状には，アンダーカットを含んだものが多く，金型の開き方向を変えたり，分割して取り出せるようにする．

※5 切削（cutting）
工作機械と切削工具を使用して，工作物の不必要な部分を切りくずとして除去し，所望の形状や寸法に加工する除去加工のこと．

※6 転造（form rolling）
棒材または管材を回転させ，工具によって局部的な塑性変形を徐々に繰りかえし与えて全体の製品形状を創成する塑性加工法のこと．

13 ボックス構造の締結用穴部の配置

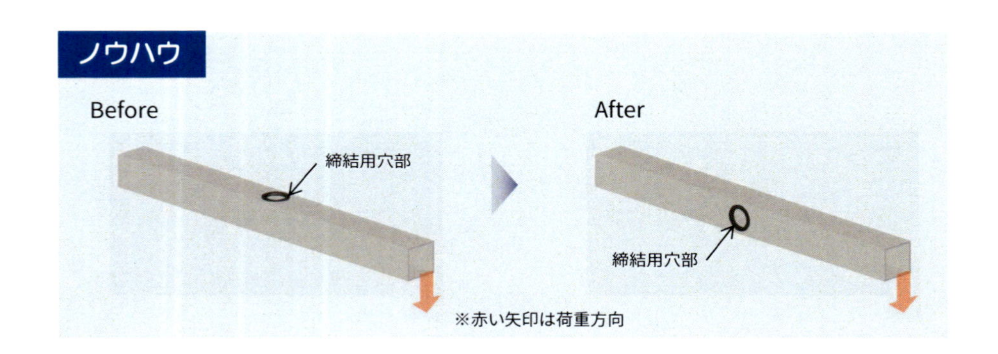

効果

板厚の増加を避けながら，フレームの強度および剛性を向上させることができる．曲げを受けたとき，上・下縁部に圧縮と引張による最大の応力が発生するため，部材の少ない接合部を側面に配置することで強度が向上する．また，同様にして剛性も向上する．

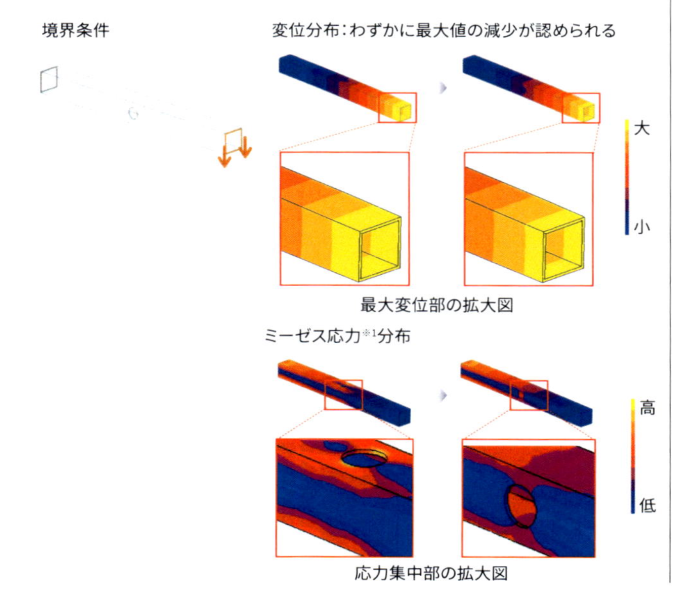

※1 ミーゼス応力（von Mises stress）
延性材料の降伏強度を判断する指標のこと．3次元の応力状態を合成し，単軸（1次元）状態に置き換えた応力．単位体積あたりのせん断ひずみエネルギーが限界を超えると，材料が降伏するという説に基づいている．

条件

■ 荷重の方向

良い条件

下向きの曲げに対して，強度および剛性ともに向上する．

良くない条件

横向きの曲げに対して，強度および剛性ともに低下する．

■ 材料

金属，プラスチック，セラミック，木材など，多くの材料に適用可能である．

■ 加工

金属においては，板材をプレス加工[※2]でボックス構造に成形したあとに，穴あけ加工[※3]により接合部を設ける．なお，穴あけ加工は，穴の径を統一して設計すると，ドリルを変更する手間や組立時の工具を減らすことができ，トータルのコストを抑えられる可能性がある．

※2 プレス加工（press work）
プレス機械を用いて材料を塑性変形させて加工する方法のこと．板状素材を加工する板金プレス加工，塊状素材を加工する鍛造プレス加工，粉末を圧縮して成形する粉末プレス加工などがある．

※3 穴あけ加工（boring）
モータにドリルなどを取り付け，軸方向移動により材料に穴をあける加工のこと．
穴あけ加工をする加工機のことをボール機といい，基本的には直立ボール盤とラジアルボール盤の2種類に分類できる．

事例

クレーンのアームに，このノウハウが適用されている．

ショベルのアーム

14 ボックス構造におけるブラケットの工夫

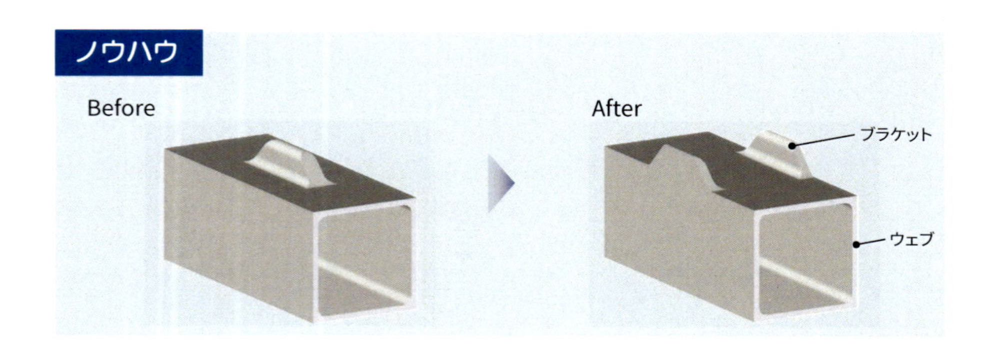

効果

強度および剛性を向上させることができる. ボックスのウェブ※1とつなげるようにブラケット※2の位置を工夫することで，応力の負担をブラケットだけでなくウェブにも分散し，強度が向上する．また，それにより変位が抑えられ，剛性が向上する．

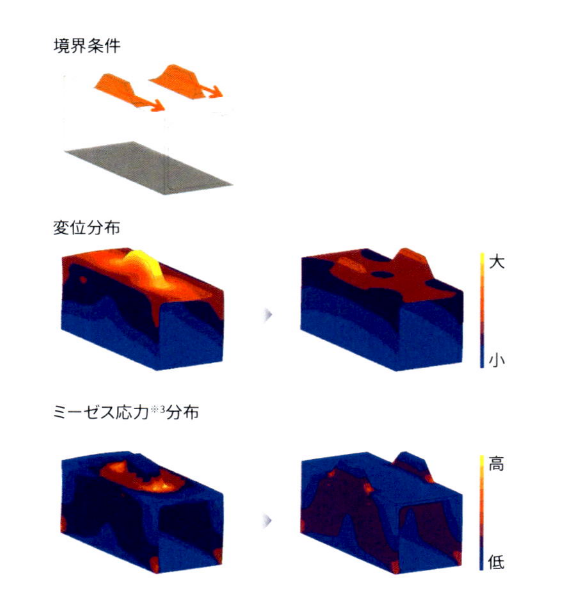

※1 ウェブ（web）
けた構造，I形断面材，Z形断面材などにおいて，両端のフランジ部と結合する平板のこと．フランジ部が軸力を負担するのに対し，ウェブは主にせん断力を負担する．

※2 ブラケット（bracket）
機械の構成部品同士を結合させるための部品のこと．一般的に，他の部品を固定・サポートするために使用される．

※3 ミーゼス応力
(von Mises stress)
延性材料の降伏強度を判断する指標のこと．3次元の応力状態を合成し，単軸（1次元）状態に置き換えた応力．単位体積あたりのせん断ひずみエネルギーが限界を超えると，材料が降伏するという説に基づいている．

条件

■ 荷重の方向

良い条件

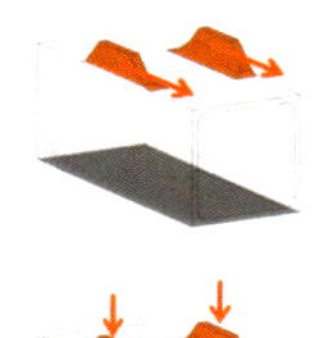

前後方向の荷重に対して，強度および剛性ともに向上する．

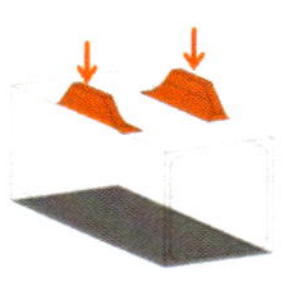

上方向からの荷重に対して，強度および剛性ともに向上する．

良くない条件

横方向からの荷重に対して，強度および剛性ともに低下する．

■ 材料

基本的には金属が用いられるが，プラスチック，セラミック，木材などにも適用可能である．

■ 加工

金属においては，プレス加工※4のほか，鋳造※5，鍛造※6により一体的に成形することができる．
プラスチックにおいては，射出成形※7で一体的に成形可能であるが，ヒケ※8やボイド※9といった成形不良が生じない範囲で，ブラケットの寸法を設定する必要がある．また，ウェルドライン※10がブラケット接合付近に重ならないようゲート※11の位置を工夫する必要がある．応力集中を起こしやすい部分に，ウェルドラインが重なると破壊の原因となる．

※4 プレス加工 (press work)
プレス機械を用いて材料を塑性変形させて加工する方法のこと．板状素材を加工する板金プレス加工，塊状素材を加工する鍛造プレス加工，粉末を圧縮して成形する粉末プレス加工などがある．

※5 鋳造 [ちゅうぞう] (casting)
金属および合金を溶融状態で鋳型に注入し，凝固，冷却後鋳型より取り出す材料加工法のこと．

※6 鍛造 [たんぞう] (forging)
金属材料を加熱し，打撃または加圧して接合する方法のこと．

※7 射出成形
(injection molding)
材料を加熱溶融し，低温に維持された金型に流入させ，冷却固化させて製品を得る成形方法のこと．

※8 ヒケ (sink)
材料が起こす成形収縮に伴い生じるへこみや窪みにより，製品の表面性が失われる現象のこと．製品の外観不良につながる．

※9 ボイド (void)
成形品の内部に空気の溜まりができる現象のこと．材料強度の低下を招く．

※10 ウェルドライン (weld line)
射出成形において，金型内で溶融樹脂の流れが合流した部分に発生する細い線のこと．ウェルドライン付近は，外観が悪いだけでなく，機械的強度も低い．

※11 ゲート (gate)
射出成形において，溶融した樹脂が射出成形機から，金型に入る入り口のこと．材料の流れや充填率に大きく影響を及ぼす．

15 開断面から閉断面への断面形状の徐変

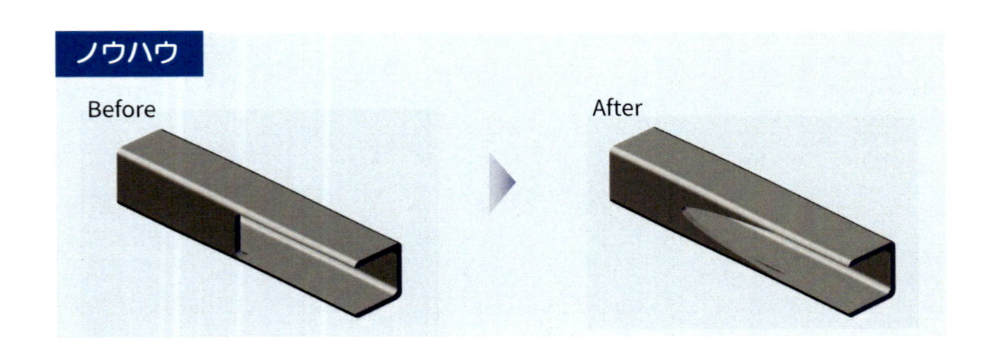

効果

剛性を保持しながら強度を向上させることができる．開断面部と閉断面部との形状急変部分を徐々に変化させることにより，応力集中を防ぎ，ミーゼス応力[※1]の最大値を減少させる．ただし，形状によっては変位量が増加する可能性もある．

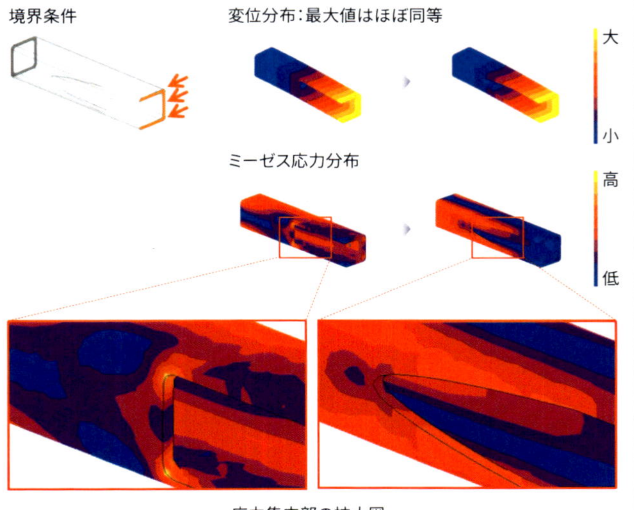

応力集中部の拡大図

※1 ミーゼス応力
(von Mises stress)
延性材料の降伏強度を判断する指標のこと．3次元の応力状態を合成し，単軸（1次元）状態に置き換えた応力．単位体積あたりのせん断ひずみエネルギーが限界を超えると，材料が降伏するという説に基づいている．

条件

■ 荷重の方向

良い条件

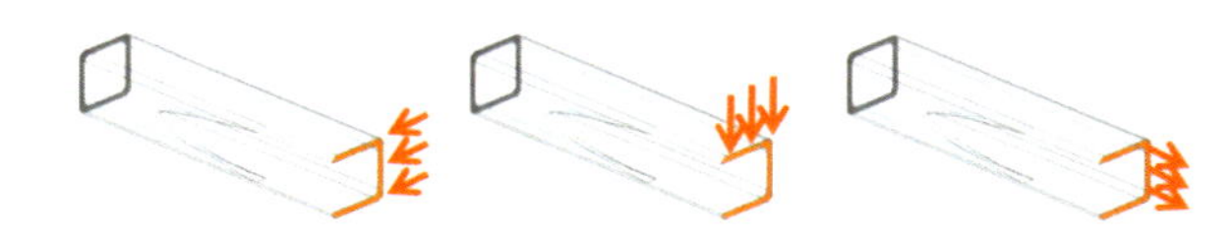

上図で示す荷重に対して効果が認められる．ただし，変位の増加に対して注意が必要である．

■ 材料

金属，プラスチック，セラミック，木材など，多くの材料に適用可能である．

■ 加工

金属においては，下図に示すように徐変部を別部材として製作し，閉断面部材と開断面部材との間にはさむ手段が考えられる．また，閉断面部は鋳造[※2]品で，開断面部は強度に優れた鍛造[※3]品で造ることにより，剛性をさらに均一にできる．

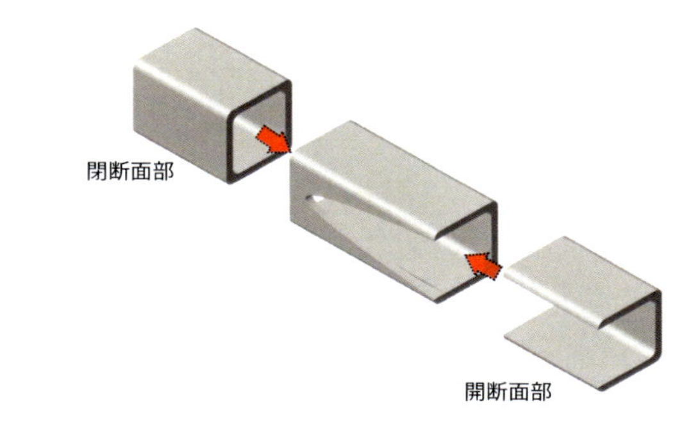

開断面部と閉断面部の接合

プラスチックにおいては，射出成形[※4]により一体成形が可能であるが，アンダーカット[※5]を避けられない点に注意が必要である．

※2 鋳造［ちゅうぞう］(casting)
金属および合金を溶融状態で鋳型に注入し，凝固，冷却後鋳型より取り出す材料加工法のこと．

※3 鍛造［たんぞう］(forging)
金属材料を加熱し，打撃または加圧して接合する方法のこと．圧接の一種であり，材料は一般的には，溶接することなく，固層で接合される．

※4 射出成形
(injection molding)
材料を加熱溶融し，低温に維持された金型に流入させ，冷却固化させて製品を得る成形方法のこと．

※5 アンダーカット(under cut)
金型を開いて製品を取り出すことができない形状のこと．製品の形状には，アンダーカットを含んだものが多く，金型の開き方向を変えたり，分割して取り出せるようにする．

16 L形断面フレームの使用

ノウハウ

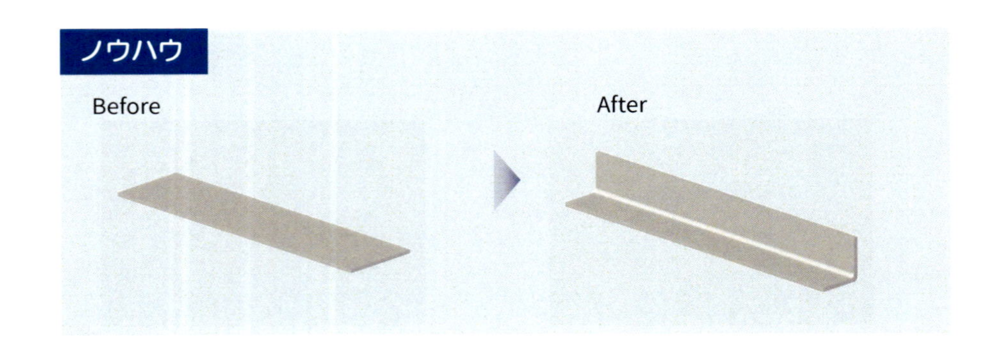

効果

板厚の増加を避けながら，フレームの剛性と強度を向上させることができる．断面二次モーメント※1が増加することで，剛性が向上する．また，L字の縦壁部分が十分に応力を負担するため，ミーゼス応力※2の最大値が減少し，強度が向上する．

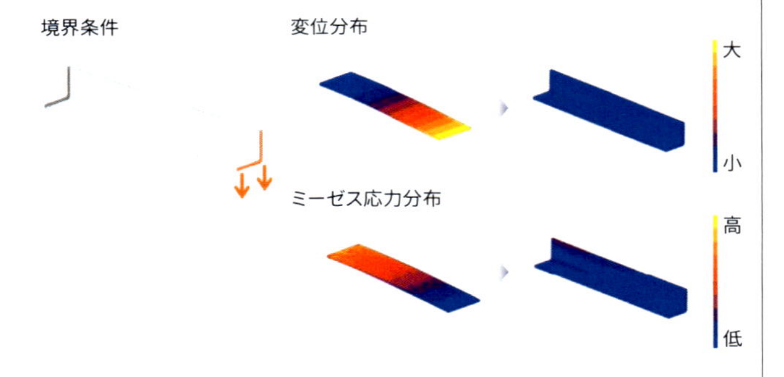

事例

金属製の棚に用いられている．左右や前後の揺れや荷重に対して適度な強度・剛性を保つことができる．

金属製の棚の部材

※1 断面二次モーメント
(second moment of area)
曲げモーメントに対する物体の変形のしにくさを表した量のこと．物体の断面形状を変えると，断面二次モーメントの値も変化するので，構造物の耐久性を向上させるうえで，設計上の指標として用いられる．

※2 ミーゼス応力
(von Mises stress)
延性材料の降伏強度を判断する指標のこと．3次元の応力状態を合成し，単軸(1次元)状態に置き換えた応力．単位体積あたりのせん断ひずみエネルギーが限界を超えると，材料が降伏するという説に基づいている．

条件

■ 荷重の方向

良い条件

平板の直角方向（L字の縦壁方向）の曲げに対して，強度および剛性ともに向上する．

良くない条件

フレーム方向の引張りに対して，ねじれが生じるため変位量が増加し，剛性が低下する．

平板の水平方向の荷重に対して，L字に折り曲げた後は断面二次モーメントが減少し，剛性および強度ともに低下する．

■ 材料

基本的には金属が用いられるが，プラスチック，セラミック，木材などにも適用可能である．

■ 加工

金属においては，板材のプレス加工[※3]による成形が一般的である．プラスチックにおいては，射出成形[※4]で一体的に成形可能である．その際には，用いる型の変更のみで対応可能であるため，加工手順の手間やコストは大きく変わらない．

※3 **プレス加工（press working）**
プレス機械を用いて材料を塑性変形させて加工する方法のこと．板状素材を加工する板金プレス加工，塊状素材を加工する鍛造プレス加工，粉末を圧縮して成形する粉末プレス加工などがある．

※4 **射出成形（injection molding）**
材料を加熱溶融し，低温に維持された金型に流入させ，冷却固化させて製品を得る成形方法のこと．

17 Z形断面フレームの使用

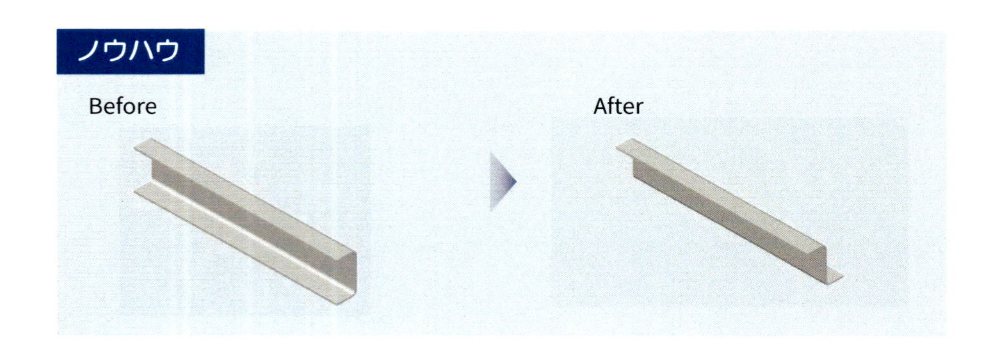

効果

板厚の増加を避け，強度を保持しながらフレームの剛性を向上させることができる． Z形にすることで，せん断中心※1が図心※2と重なり，曲げモーメントによる横座屈※3やねじれを防止し，剛性が向上する．

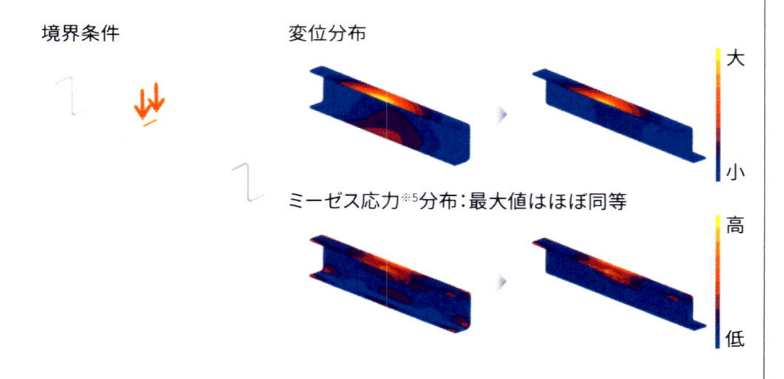

事例

枠構造のフレーム部分に，Z形断面フレームを使用することがある．剛性および強度を保ちながら，プレス加工による加工工数を削減することができる．

枠構造のフレーム

※1 せん断中心（shear center）
梁に荷重をかけてもねじりが発生しない一点のこと．

※2 図心（centroid）
部材断面の中心のこと．

※3 座屈（buckling），横座屈（lateral buckling）
座屈とは，圧縮荷重がある値を超えると安定性が失われ，急激に大きな変形を示す現象のこと．
横座屈とは，曲げを受ける軸に対して，ウェブ※4が垂直な方向にたわむことで，ねじれるように変形する現象のこと．

※4 ウェブ（web）
けた構造，I形断面材，Z形断面材などにおいて，両端のフランジ部と結合する平板のこと．フランジ部が軸力を負担するのに対し，ウェブは主にせん断力を負担する．

※5 ミーゼス応力（von Mises stress）
延性材料の降伏強度を判断する指標のこと．3次元の応力状態を合成し，単軸（1次元）状態に置き換えた応力．単位体積あたりのせん断ひずみエネルギーが限界を超えると，材料が降伏するという説に基づいている．

条件

■ 荷重の方向

特定の荷重の方向において，強度が低下する可能性があるため，注意が必要である．

■ 材料

基本的には金属が用いられるが，プラスチック，セラミック，木材などにも適用可能である．

■ 加工

金属においては，プレス加工※6による成形が可能である．その際，大きく曲げられる角部はプレス時に破断※7しやすい．対策としては，角部を緩やかな変化にすることで回避することができる．少なくとも，内側のコーナーRは板厚以上であることが必要である．
また，プラスチックにおいては，射出成形※8や加熱プレスで成形することができる．

枠構造のフレームに使用する場合，C形断面ではなくZ形断面を利用することで，加工工数を減らすことができる．
Cチャネルを同じ部分のフレームに使用した場合，Cチャネルをプレスしてからボックス構造を組み立てるため，1回のプレスでは成形することができない．しかし，Z形面を使用することで，右下図の方向からプレスすることにより，ボックス構造を組み立てたあと，1回のプレスで成形することができる．

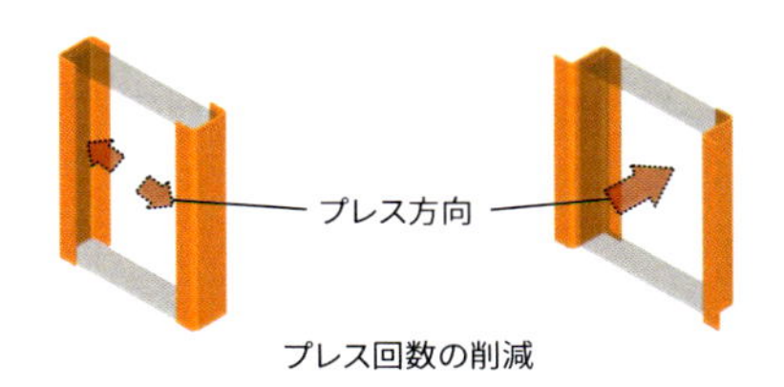

プレス回数の削減

※6 **プレス加工**（press work）
プレス機械を用いて材料を塑性変形させて加工する方法のこと．板状素材を加工する板金プレス加工，塊状素材を加工する鍛造プレス加工，粉末を圧縮して成形する粉末プレス加工などがある．

※7 **破断**（rupture）
一つの物体が壊れて二つ以上に分離する現象のこと．

※8 **射出成形**（injection molding）
材料を加熱溶融し，低温に維持された金型に流入させ，冷却固化させて製品を得る成形方法のこと．

18 C形断面フレームの縦壁形状の工夫

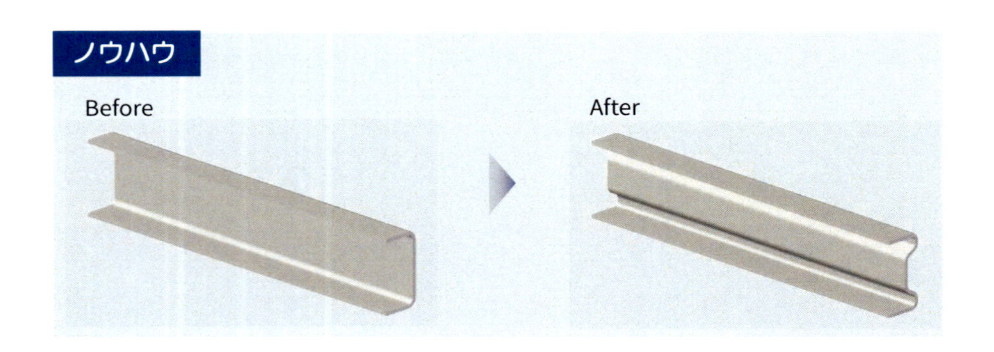

効果

板厚の増加を避けながら，剛性を向上させることができる．縦壁位置を工夫することで，せん断中心[※1]が図心[※2]と重なり，曲げモーメントによる横座屈[※3]やねじれを防止できる．ただし，ミーゼス応力[※5]の最大値は減少せず，強度は低下する可能性もある．

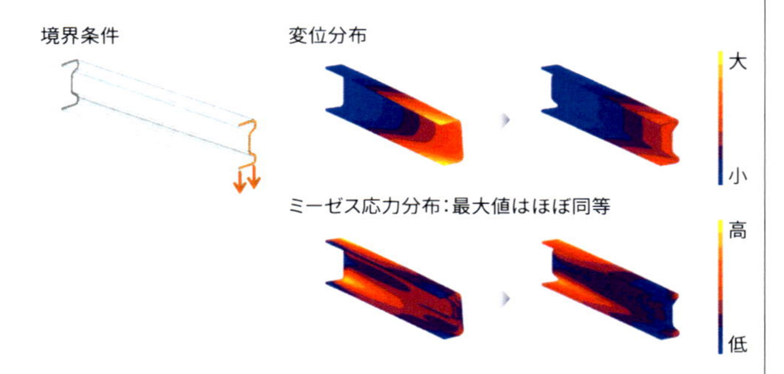

事例

部材自体や配線などの重量による曲げを想定して，天井をはしる配線ダクトなどにも，このノウハウが適用されている．

※1 せん断中心（shear center）
梁に荷重をかけてもねじりが発生しない一点のこと．

※2 図心（centroid）
部材断面の中心のこと．

※3 座屈（buckling），横座屈（lateral buckling）
座屈とは，圧縮荷重がある値を超えると安定性が失われ，急激に大きな変形を示す現象のこと．
横座屈とは，曲げを受ける軸に対して，ウェブ[※4]が垂直な方向にたわむことで，ねじれるように変形する現象のこと．

※4 ウェブ（web）
けた構造，I形断面材，Z形断面材などにおいて，両端のフランジ部と結合する平板のこと．フランジ部が軸力を負担するのに対し，ウェブは主にせん断力を負担する．

※5 ミーゼス応力（von Mises stress）
延性材料の降伏強度を判断する指標のこと．3次元の応力状態を合成し，単軸（1次元）状態に置き換えた応力．単位体積あたりのせん断ひずみエネルギーが限界を超えると，材料が降伏するという説に基づいている．

条件

■ 荷重の方向

良い条件　　　　　　　　　　　　良くない条件

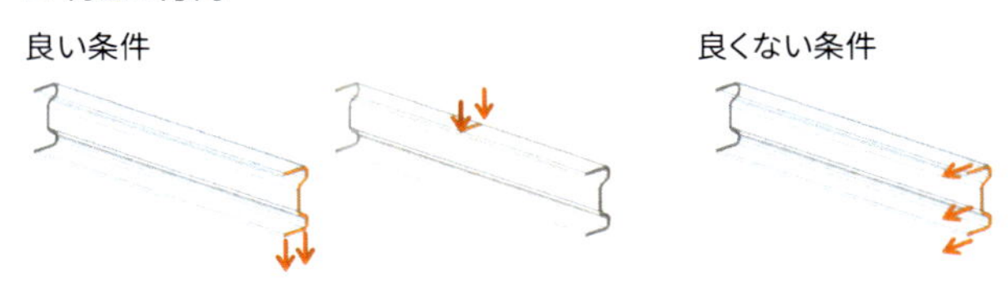

荷重の方向によっては，強度および剛性が低下する．想定される荷重の方向を考慮してこのノウハウを用いる必要がある．

■ 材料

基本的には金属が用いられるが，プラスチック，セラミック，木材などにも適用可能である．

■ 加工

金属においては，プレス加工※6による成形が可能である．その際，大きく曲げられる角部はプレス時に破断※7しやすい．対策としては，角部を緩やかな変化にすることで回避することができる．少なくとも，内側のコーナーRは板厚以上であることが必要である．なお，プレスの加工工数は，ノウハウ適用前後では変わらない．

また，プラスチックにおいては，射出成形※8や加熱プレスで成形することができる．

■ 部材のばらつきへの対応

部材を取り付けるとき，ノウハウ適用後は接触面の安定性を確保できる．部材の接触面が広い場合，接触面に一定の平面度※9が求められるため，加工の手間やコストが上昇する可能性がある．

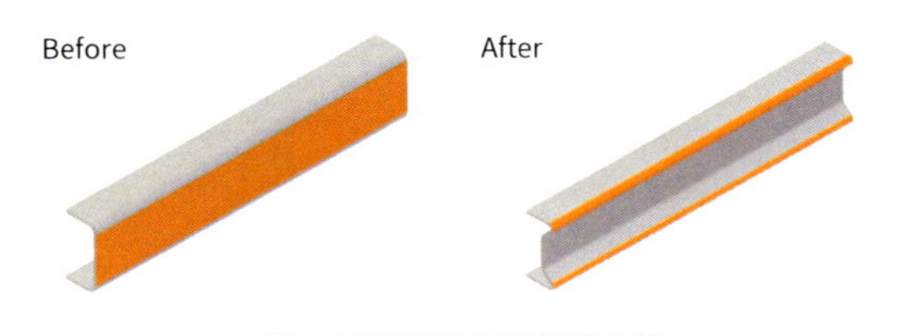

ノウハウ適用前後の接触面の比較

※6 プレス加工（press work）
プレス機械を用いて材料を塑性変形させて加工する方法のこと．板状素材を加工する板金プレス加工，塊状素材を加工する鍛造プレス加工，粉末を圧縮して成形する粉末プレス加工などがある．

※7 破断（rupture）
一つの物体が壊れて二つ以上に分離する現象のこと．

※8 射出成形（injection molding）
材料を加熱溶融し，低温に維持された金型に流入させ，冷却固化させて製品を得る成形方法のこと．

※9 平面度（flatness）
加工物の平面形状は，理想的に正しい平面（幾何学的平面）と比較すると，多少なりともずれており，そのずれの大きさのこと．

19 C形断面フレームへの斜めフランジの設置

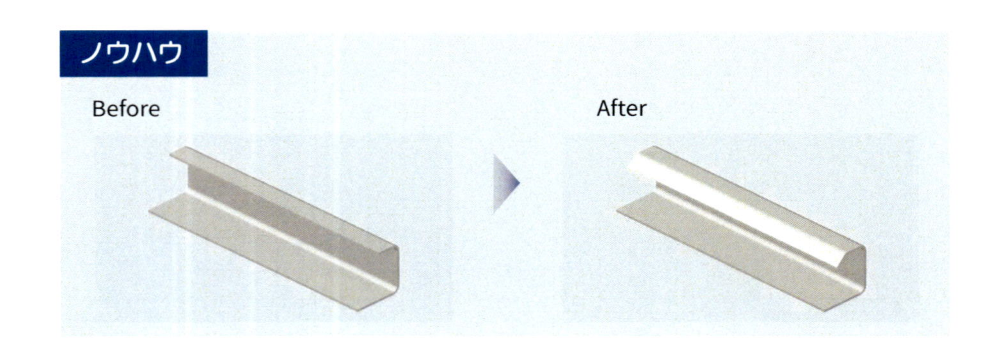

効果

フレームの強度および剛性を向上させることができる．上縁の端面に斜めフランジ※1を設けることにより，断面の図心※2位置のバランスを調整し，上縁の変位量を減少させる．また，部材が増えることでミーゼス応力※3の最大値も減少する．

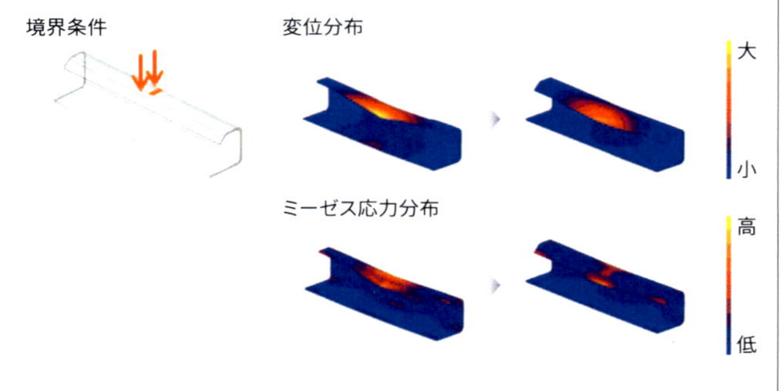

事例

自動車シートの座面に使用される．フランジを斜めにつけることで，臀部が入るスペースを確保しながら，断面性能の低下を防いでいる

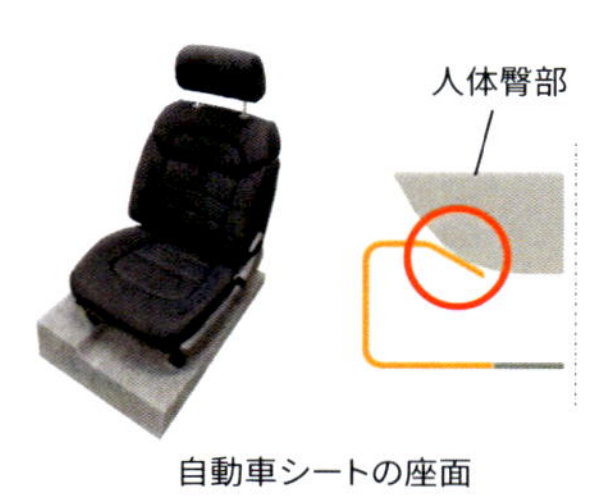

自動車シートの座面

※1 フランジ（frange）
円板状，平板状に突き出した部材に対する呼称のこと．梁のフランジは断面二次モーメントが増加し，曲げ剛性が向上する．

※2 図心（centroid）
部材断面の中心のこと．

※3 ミーゼス応力
（von Mises stress）
延性材料の降伏強度を判断する指標のこと．3次元の応力状態を合成し，単軸（1次元）状態に置き換えた応力．単位体積あたりのせん断ひずみエネルギーが限界を超えると，材料が降伏するという説に基づいている．

条件

■ 荷重の方向

良い条件

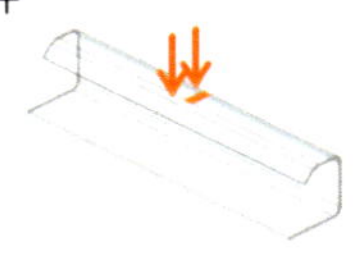

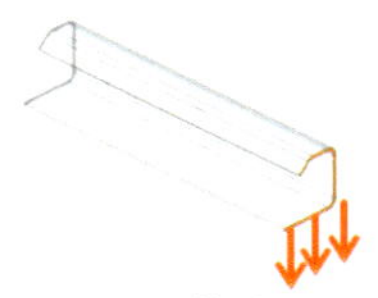

曲げ荷重に対して効果が認められる．いずれの荷重においても，上縁の端面の変形に注意すべきである．

■ 材料

基本的には金属が用いられるが，プラスチック，セラミック，木材などにも適用可能である．

■ 加工

金属においては，プレス加工※4による成形が可能である．その際，大きく曲げられる角部はプレス時に破断※5しやすい．対策としては，角部を緩やかな変化にすることで回避することができる．少なくとも，内側のコーナーRは板厚以上であることが必要である．なお，プレスの加工工数は，ノウハウ適用前後では変わらない．また，プラスチックにおいては，射出成形※6や加熱プレスで成形することができる．

■ 制約下での断面形状と断面性能の工夫

一般的に，図心から遠い部材に応力が集中するため，断面における図心位置の上下・左右のバランスが偏ると，応力は増加しやすいといわれている．このノウハウでは，本来は左下図のようなコの字形断面を使用したいが，スペース上の制約があるために，中央図のようにフランジの一部を削除しなければいけない場合を想定している．右図のような斜めフランジを加えることで，断面における図心位置が改善され，断面性能の低下を防ぐことができる．

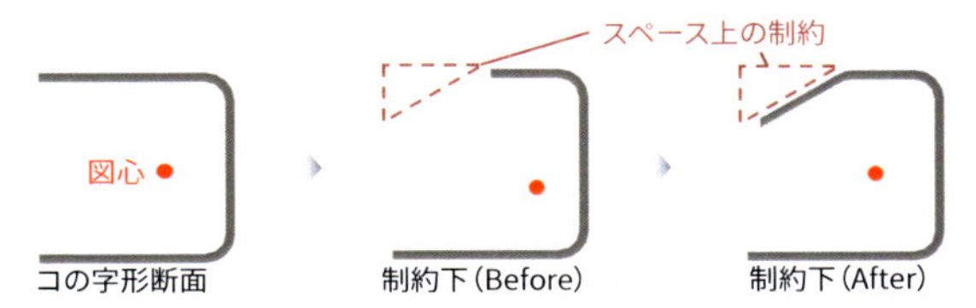

※4 **プレス加工（press work）**
プレス機械を用いて材料を塑性変形させて加工する方法のこと．板状素材を加工する板金プレス加工，塊状素材を加工する鍛造プレス加工，粉末を圧縮して成形する粉末プレス加工などがある．

※5 **破断（rupture）**
一つの物体が壊れて二つ以上に分離する現象のこと．

※6 **射出成形（injection molding）**
材料を加熱溶融し，低温に維持された金型に流入させ，冷却固化させて製品を得る成形方法のこと．

20 I形断面フレームへのスチフナの追加

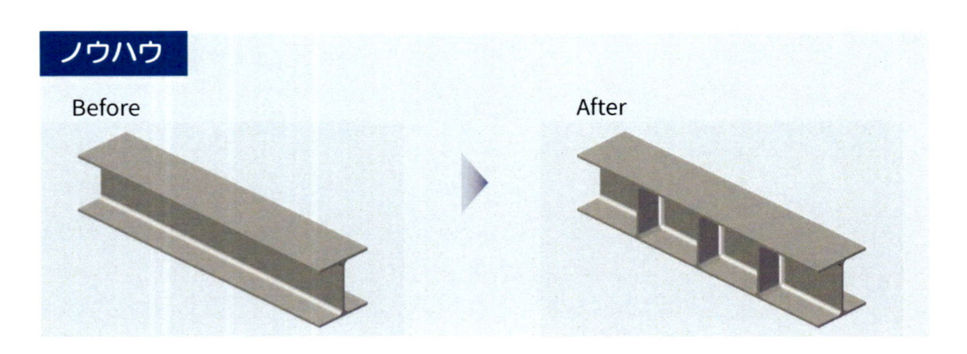

効果

フレームの強度および剛性を向上させることができる．スチフナ※1がフランジ※2とウェブ※3を支えることにより，フランジの剛性の向上，ウェブの強度の向上に効果がある．また，ウェブの横座屈※4を防ぐ効果も期待できる．

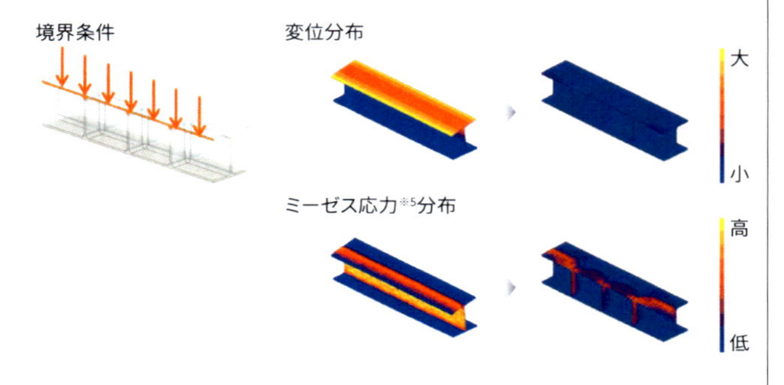

事例

建築用の構造部材のI形鋼に対してスチフナが用いられている．主に鉛直下向き方向の荷重に対する強度や剛性を高める効果がある．

建築用構造部材

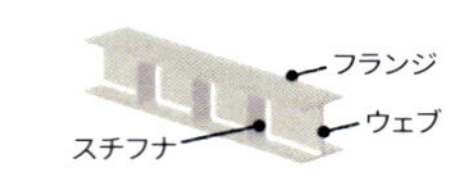

※1 スチフナ（stiffener）
ウェブ，隔壁などに適当な間隔で設ける補強部材のこと．

※2 フランジ（frange）
円板状，平板状に突き出した部材に対する呼称のこと．

※3 ウェブ（web）
けた構造，I形断面材，Z形断面材などにおいて，両端のフランジ部と結合する平板のこと．フランジ部が軸力を負担するのに対し，ウェブは主にせん断力を負担する．

※4 座屈（buckling），横座屈（lateral buckling）
座屈とは，圧縮荷重がある値を超えると安定性が失われ，急激に大きな変形を示す現象のこと．
横座屈とは，曲げを受ける軸に対して，ウェブが垂直な方向にたわむことで，ねじれるように変形する現象のこと．

※5 ミーゼス応力（von Mises stress）
延性材料の降伏強度を判断する指標のこと．3次元の応力状態を単軸状態に相当させた応力．

条件

■ 荷重の方向

良い条件

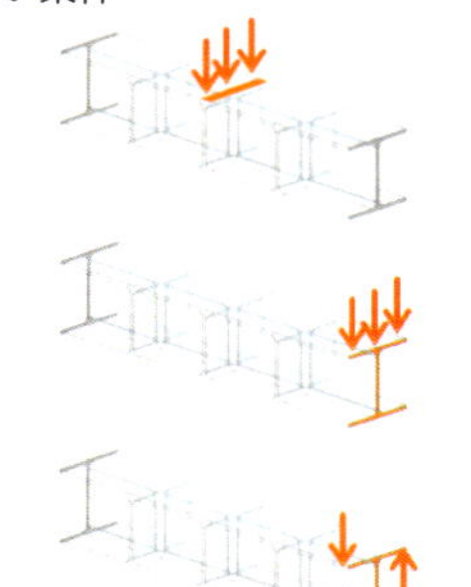

中央への集中荷重に対して，強度および剛性ともに向上する．

曲げに対して，強度および剛性ともに向上する．

ねじりに対して，強度および剛性ともに向上する．

フランジにかかる荷重に対して，最も効果が期待できる．曲げやねじりにおいても若干の強度・剛性向上の効果はみられるが，一般にそれらを主目的とはしない．

■ 材料

金属，プラスチック，セラミック，木材など，多くの材料に適用可能である．

■ 加工

金属においては，溶接※6による接合や，鋳造※7，鍛造※8による成形で設置することができる．また，プラスチックにおいては，射出成形※9で一体的に成形可能である．
建築分野などで用いられているI形鋼は，大規模なものが多いため，溶接によりウェブが設置されることが多い．一方，機械部品などの量産品においては，溶接は用いず，本体部分とウェブを一体的に設けることが一般的である．

溶接により，補強部材を合する場合にはスカラップ※10を設けることが望ましい．溶接代の直交部は，溶接欠陥が起こりやすくかつ応力が集中しやすいためである．ただし，スカラップ付近も応力が集中しやすくなるため，十分なRをとるなどの対策が必要である．

※6 溶接 (welding)
複数の金属材料あるいは非金属材料を，加熱あるいは加圧により原子間結合させることで接合する行為，あるいは接合されたもののこと．

※7 鋳造［ちゅうぞう］(casting)
金属および合金を溶融状態で鋳型に注入し，凝固，冷却後鋳型より取り出す材料加工法のこと．

※8 鍛造［たんぞう］(forging)
金属材料を加熱し，打撃または加圧して接合する方法のこと．

※9 射出成形 (injection molding)
材料を加熱溶融し，低温に維持された金型に流入させ，冷却固化させて製品を得る成形方法のこと．

※10 スカラップ (scallop)
アーク溶接において，突合せ継手（母材がほぼ同じ面内の溶接継手）とこれに交差する方向のすみ肉継手（ほぼ直交する二つの面を溶接する三角形状の断面をもつ溶接継手）がある場合に，下図のように設置される扇形の切欠き（切り抜き）のこと．

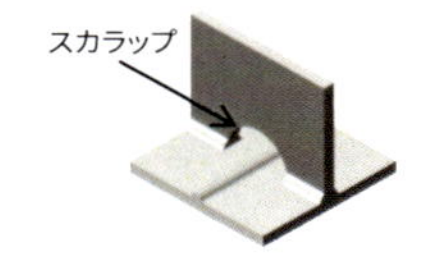

21 上縁部と下縁部を有する梁へのトラスの追加

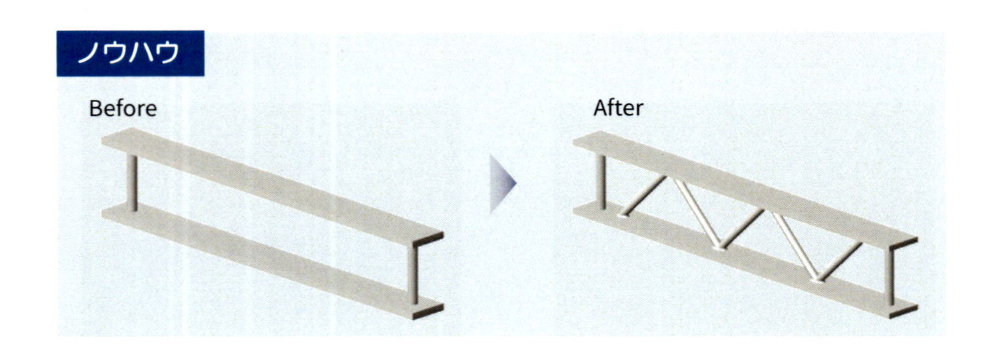

効果

梁の板厚の増加を避けながら，梁の強度および剛性を向上させることができる．上縁と下縁を斜めに繋ぐようにトラス※1を設けることで，梁の変位量が減少する．また，トラスが荷重を分散し，ミーゼス応力※2の最大値を減少させ，強度が向上する．

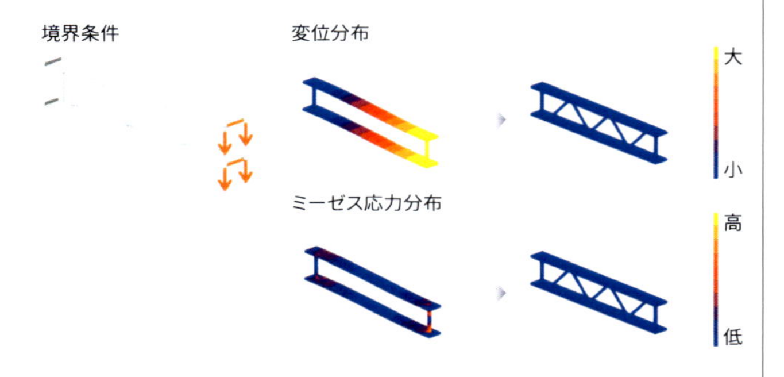

事例

ステンレス製の棚にトラス構造がみられる．家具としての意匠性だけでなく，棚のゆがみを防止する役割もある．

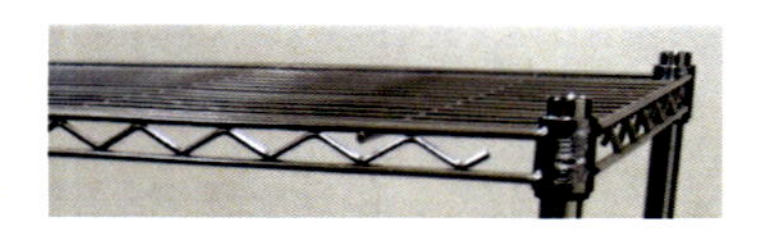

ステンレス製の棚

※1 トラス（truss）
骨組み構造物のなかで，すべての接点が滑節（かっせつ）で構成され，三角形を基本として組んであるもののこと．滑節では，結合部材端の変位は等しいが，モーメントが伝達されず自由に回転する．したがって，部材に直接横荷重が作用する場合を除き，トラス構造の各部材にはせん断力，曲げモーメントは発生せず，部材内力は軸力のみとなる．

※2 ミーゼス応力
（von Mises stress）
延性材料の降伏強度を判断する指標のこと．3次元の応力状態を合成し，単軸（1次元）状態に置き換えた応力．単位体積あたりのせん断ひずみエネルギーが限界を超えると，材料が降伏するという説に基づいている．

条件

■ 荷重の方向

良い条件

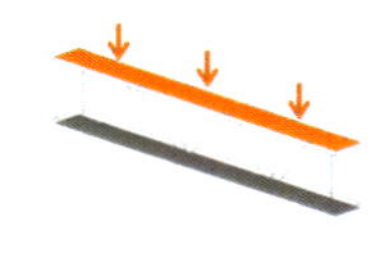

上面への分布荷重に対して，強度および剛性ともに向上する.

下方向の曲げに対して，強度および剛性ともに向上する.

横方向の曲げに対して，強度および剛性ともに向上する.

■ 材料

基本的には金属が用いられるが，プラスチック，セラミック，木材などにも適用可能である.

■ 加工

部材の節点をピン接合※3し，自由に回転できるようにするのが理想である. しかし，実際の構造物で純粋なピン接合にすることは少なく，節点が事実上溶接※4などによる剛接合※5に近いものが多い.

※3 ピン接合（pin connection）
部材と部材の接合部にピンを用いたもので，一方を固定しても片方の部材が外力を受けると回転して変形できる接合方法のこと.

※4 溶接（welding）
複数の金属材料あるいは非金属材料を，加熱あるいは加圧により原子間結合させることで接合する行為，あるいは接合されたもののこと.
溶接は，母材の接合部を過熱溶融して接合する溶融溶接（融接）と，母材接合面を突き合わせて加熱あるいは加圧し固相状態で接合する固相接合（圧接）に大別される.

※5 剛接合（rigid connection）
部材の接合形式の一種で，骨組みに力が加わり部材が変形しても接合部が変形しない接合方法のこと.

22 フレームへの肉抜き穴の設置

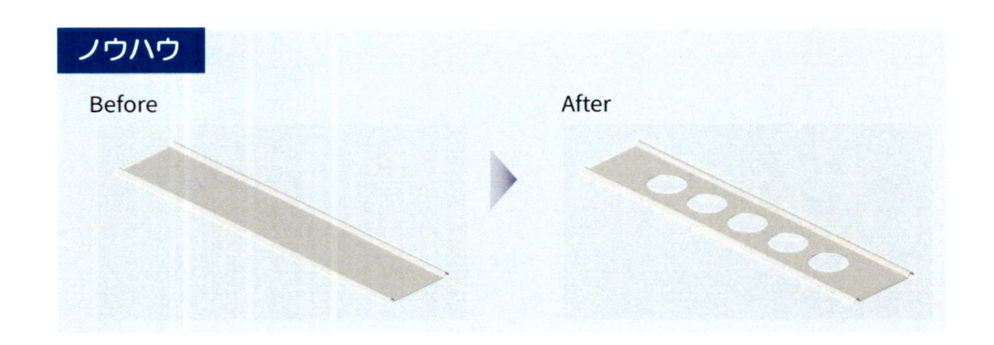

効果

一定の強度を保持しながら，軽量化できる可能性がある. 下図のような方向の曲げに対しては，主にフレームの外縁部が応力を負担するため，中立軸[※1]付近を肉抜きすることで，一定の強度を保持しながら軽量化できる．ただし，変位は増加するため注意する必要がある．

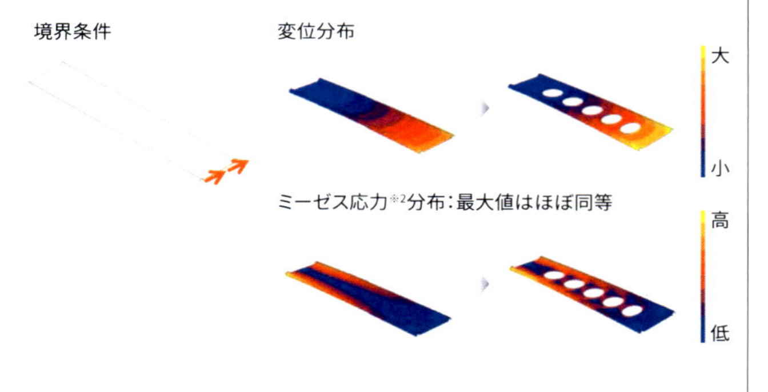

事例

橋梁などの構造物において，必要最低限の強度と剛性を保ちつつ，構造物自体の質量を軽量化できる．

構造物のフレーム

※1 中立軸（neutral axis）
中立面と梁の縦断面の交線のこと．中立面とは，梁が曲げモーメントを受けるとき，変形前後で伸びも縮みもしない中立な面であり，梁の上下面の中間に存在する．

※2 ミーゼス応力
（von Mises stress）
延性材料の降伏強度を判断する指標のこと．3次元の応力状態を合成し，単軸（1次元）状態に置き換えた応力．単位体積あたりのせん断ひずみエネルギーが限界を超えると，材料が降伏するという説に基づいている．

条件

■ 荷重の方向

良い条件　　　　　　　　良くない条件

ねじりや曲げ荷重方向によって，強度および剛性ともに大幅に低下する場合があるため，注意が必要である．

■ 材料

基本的には金属が用いられるが，プラスチック，セラミック，木材などにも適用可能である．

■ 加工

金属においては，プレス加工※3による成形が可能である．その際，大きく曲げられる角部はプレス時に破断※4しやすい．対策としては，角部の形状を緩やかに変化させることで回避することができる．なお，内側のコーナーRは板厚以上にする必要がある．

また，プラスチックにおいては，射出成形※5や加熱プレスで成形することができる．

穴部については，バリ※6を出したくない面（他の部品との接触面，人間が触れる面など）を考えて加工方向を指示する必要がある．

■ 寸法

肉抜き穴の隣り合う穴同士の接線と，平板の中立軸のなす角度を少なくとも45°未満にする必要がある．しかし，このノウハウは軽量化を前提としたノウハウであるので，大きな荷重を受け，破壊が懸念されるような部分には用いるべきではない．

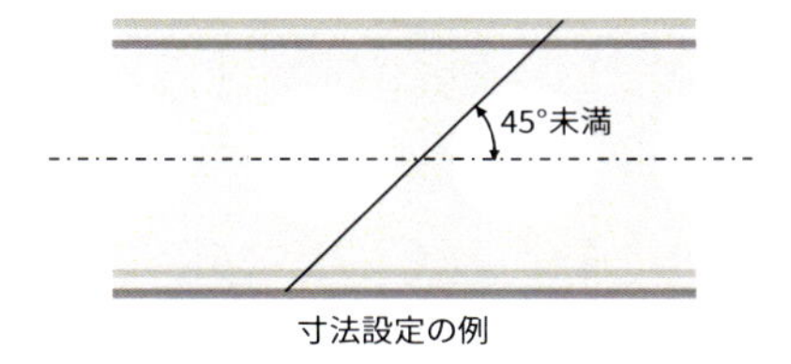

寸法設定の例

※3 プレス加工（press work）
プレス機械を用いて材料を塑性変形させて加工する方法のこと．板状素材を加工する板金プレス加工，塊状素材を加工する鍛造プレス加工，粉末を圧縮して成形する粉末プレス加工などがある．

※4 破断（rupture）
一つの物体が壊れて二つ以上に分離する現象のこと．

※5 射出成形（injection molding）
材料を加熱溶融し，低温に維持された金型に流入させ，冷却固化させて製品を得る成形方法のこと．

※6 バリ（burr, flash）
金属などを加工するときに生じる薄いヒレ上の余剰材料のこと．せん断加工などで生じるものはバリ，かえりと呼ばれ，通常1mm以下の小さなものであるが，加工品の使用時に安全性などで問題となり，バリ取りをして除く．

23 コーナーパッチの形状の工夫

ノウハウ

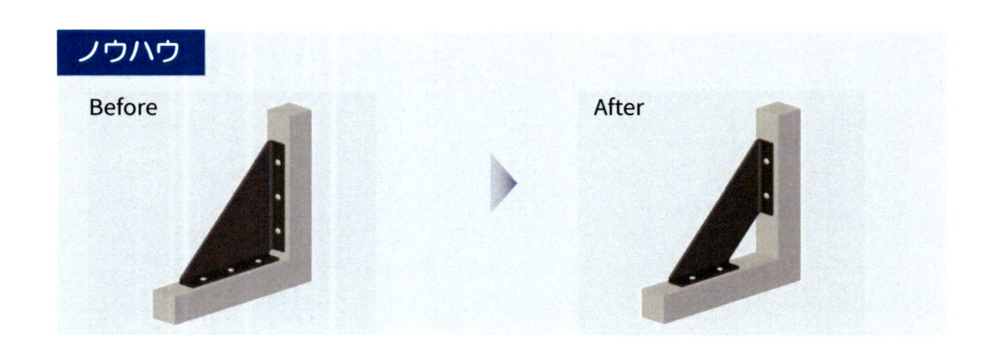

効果

強度および剛性を保持しながらパッチ※1部分を軽量化できる可能性がある．三角型パッチにおいて，応力をあまり受け持たない角部を省くことで，ノウハウ適用前（Before）と同等の強度および剛性を保持しながら，パッチを軽量化できる．

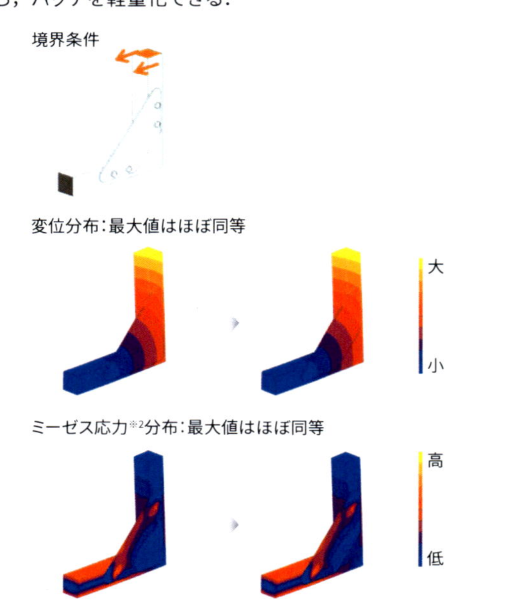

※1 パッチ（patch）
断片，継ぎ布のこと．強度および剛性が十分でない部分に対する補強部材．

※2 ミーゼス応力（von Mises stress）
延性材料の降伏強度を判断する指標のこと．3次元の応力状態を合成し，単軸（1次元）状態に置き換えた応力．単位体積あたりのせん断ひずみエネルギーが限界を超えると，材料が降伏するという説に基づいている．

条件

■ 荷重の方向

良い条件

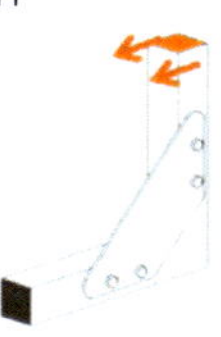

パッチで補強したフレームが受ける曲げに対して，強度および剛性を保持したまま軽量化できる．

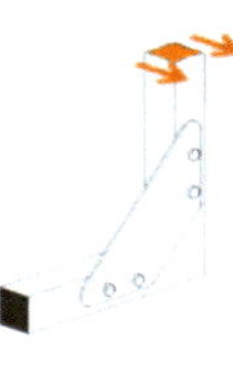

手前方向への曲げに対して，強度および剛性を保持したまま軽量化できる．

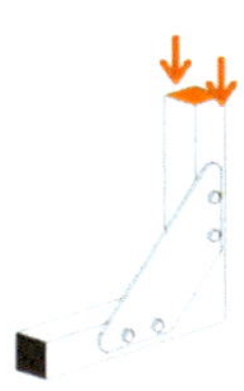

パッチで補強したフレームが圧縮を受ける場合にも，強度および剛性を保持したまま軽量化できる．

■ 材料

基本的には金属が用いられるが，プラスチック，セラミック，木材などにも適用可能である．

■ 加工

金属においては，プレス加工※3による成形が可能である．その際，大きく曲げられる角部はプレス時に破断※4しやすい．対策としては，角部の形状を緩やかに変化させることで回避することができる．なお，内側のコーナーRは板厚以上にする必要がある．

また，プラスチックにおいては，射出成形※5や加熱プレスで成形することができる．

※3 プレス加工（press work）
プレス機械を用いて材料を塑性変形させて加工する方法のこと．板状素材を加工する板金プレス加工，塊状素材を加工する鍛造プレス加工，粉末を圧縮して成形する粉末プレス加工などがある．

※4 破断（rupture）
一つの物体が壊れて二つ以上に分離する現象のこと．

※5 射出成形
（injection molding）
材料を加熱溶融し，低温に維持された金型に流入させ，冷却固化させて製品を得る成形方法のこと．

24 ラーメン構造の角部形状の工夫

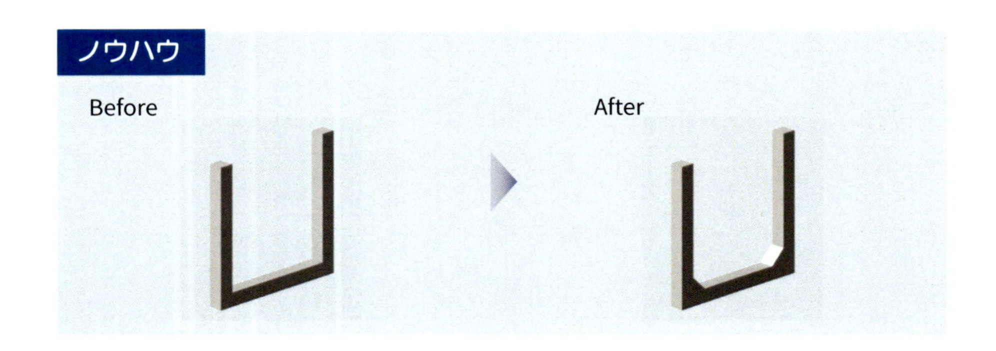

効果

ラーメン構造※1の強度および剛性を向上させることができる．角部に肉盛りをほどこすことで，ミーゼス応力※2の最大値が減少し，強度が向上する．また，角部および下部の梁の変位量が減少することで，剛性も向上する．

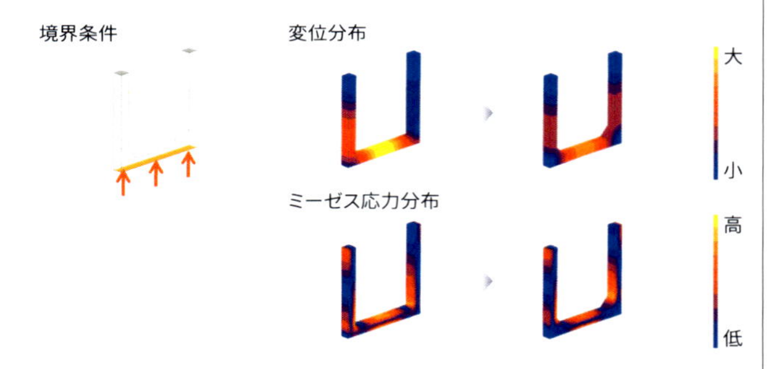

事例

高架線の下部に，このノウハウが適用されている．

高架線の下部

※1 ラーメン構造（rahmen）
一部あるいはすべての節点が剛節で構成される骨組構造物（残りの節点は滑節（かっせつ））のこと．

※2 ミーゼス応力
(von Mises stress)
延性材料の降伏強度を判断する指標のこと．3次元の応力状態を合成し，単軸（1次元）状態に置き換えた応力．単位体積あたりのせん断ひずみエネルギーが限界を超えると，材料が降伏するという説に基づいている．

条件

■ 荷重の方向

良い条件

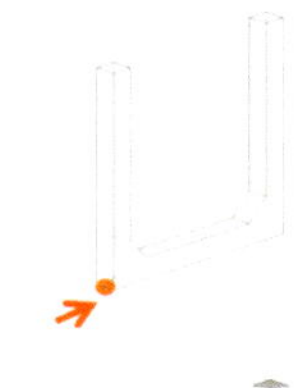

角部への荷重に対して，強度および剛性ともに向上する．

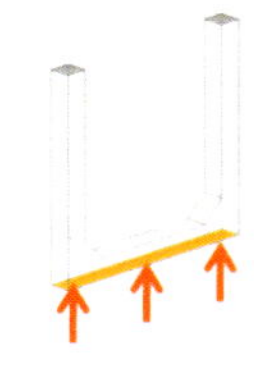

フレーム下縁への荷重に対して，強度および剛性ともに向上する．

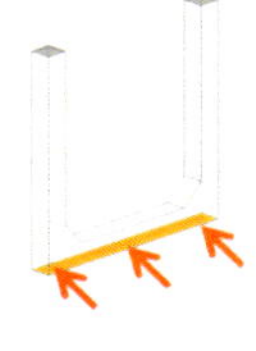

フレーム下縁への横方向からの荷重に対して，強度および剛性ともに向上する．

■ 材料

金属，プラスチック，セラミック，木材など，多くの材料に適用可能である．

■ 加工

金属においては，切削※3やプレス加工※4などにより成形が可能である．プラスチックにおいては，主に射出成形※5により一体的に成形することが一般的であるが，アンダーカット※6が起こらないように注意が必要である．

※3 切削（cutting）
工作機械と切削工具を使用して，工作物の不必要な部分を切りくずとして除去し，所望の形状や寸法に加工する除去加工のこと．

※4 プレス加工（press work）
プレス機械を用いて材料を塑性変形させて加工する方法のこと．板状素材を加工する板金プレス加工，塊状素材を加工する鍛造プレス加工，粉末を圧縮して成形する粉末プレス加工などがある．

※5 射出成形
（injection molding）
材料を加熱溶融し，低温に維持された金型に流入させ，冷却固化させて製品を得る成形方法のこと．

※6 アンダーカット（under cut）
金型を開いて製品を取り出すことができない形状のこと．製品の形状には，アンダーカットを含んだものが多く，金型の開き方向を変えたり，分割して取り出せるようにする必要がある．

25 トラスの使用

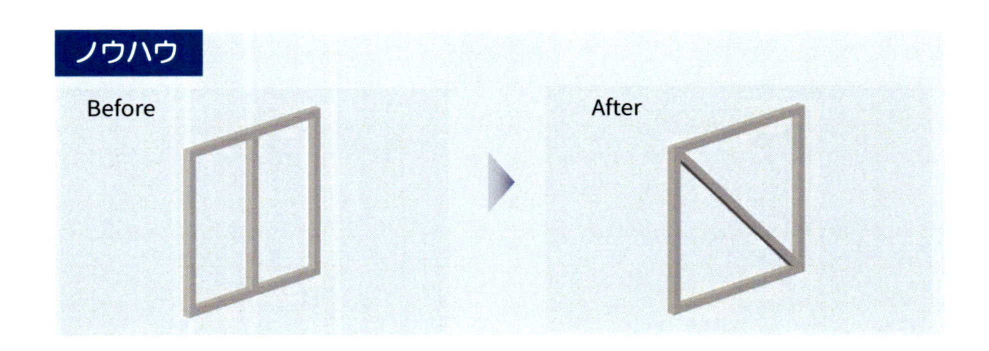

効果

フレーム構造の強度および剛性を向上させることができる．フレーム構造の対角線を結んでトラス※1にすることで，荷重を軸方向で負担し，ミーゼス応力※2の最大値を減少させ，強度が向上する．また，同様にフレームの変位量が減少し，剛性が向上する．

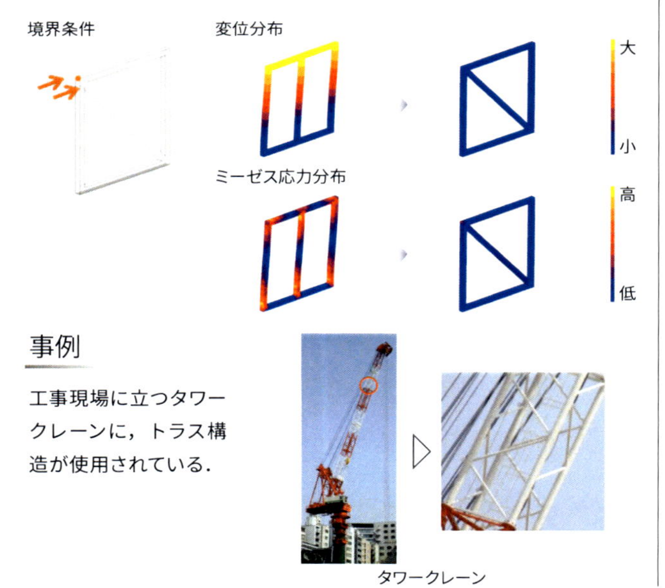

事例

工事現場に立つタワークレーンに，トラス構造が使用されている．

タワークレーン

※1 トラス（truss）
骨組み構造物のなかで，すべての接点が滑節（かっせつ）で構成され，三角形を基本として組んであるものをトラスと呼ぶ．滑節では，結合部材端の変位は等しいが，モーメントが伝達されず自由に回転する．したがって，部材に直接横荷重が作用する場合を除き，トラス構造の各部材にはせん断力，曲げモーメントは発生せず，部材内力は軸力のみとなる．

※2 ミーゼス応力（von Mises stress）
延性材料の降伏強度を判断する指標のこと．3次元の応力状態を合成し，単軸（1次元）状態に置き換えた応力．単位体積あたりのせん断ひずみエネルギーが限界を超えると，材料が降伏するという説に基づいている．

条件

■ 荷重の方向

良い条件　　　　　　　　　　　　　　良くない条件

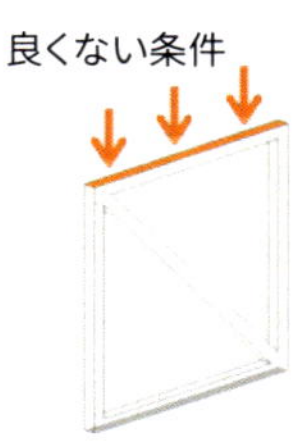

フレーム構造の横方向からの荷重に対して効果が認められる．
一方で，上方向からの荷重には強度・剛性ともに低下する．

■ 材料

基本的には金属が用いられるが，プラスチック，セラミック，木材などにも適用可能である．

■ 加工

部材の節点をピン接合※3し，自由に回転できるようにするのが理想である，しかし，実際の構造物で純粋なピン接合とすることは少なく，節点が事実上溶接※4などによる剛接合※5に近いものが多い．

※3 ピン接合（pin connection）
部材と部材の接合部にピンを用いたもので，一方を固定しても片方の部材が外力を受けると回転して変形できる接合方法のこと．

※4 溶接（welding）
複数の金属材料あるいは非金属材料を，加熱あるいは加圧により原子間結合させることで接合する行為，あるいは接合されたもののこと．
溶接は，母材の接合部を過熱溶融して接合する溶融溶接（融接）と，母材接合面を突き合わせて加熱あるいは加圧し固相状態で接合する固相接合（圧接）に大別される．

※5 剛接合（rigid connection）
部材の接合形式の一種で，骨組みに力が加わり部材が変形しても接合部が変形しない接合方法のこと．

補足

トラス構造には，平面トラス（ワーレン），平面トラス（キングポスト），立体トラスなどの種類がある．

ワーレントラス橋

26 X型トラスの使用

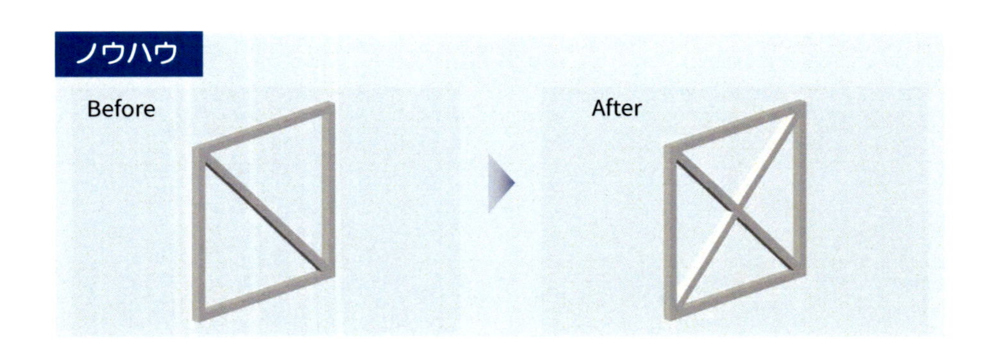

効果

フレーム構造の強度および剛性を向上させることができる．フレーム構造の対角線を結んでトラス※1にすることで，荷重を軸方向で負担し，ミーゼス応力※2の最大値を減少させ，強度が向上する．また，同様にフレームの変位量が減少し，剛性が向上する．

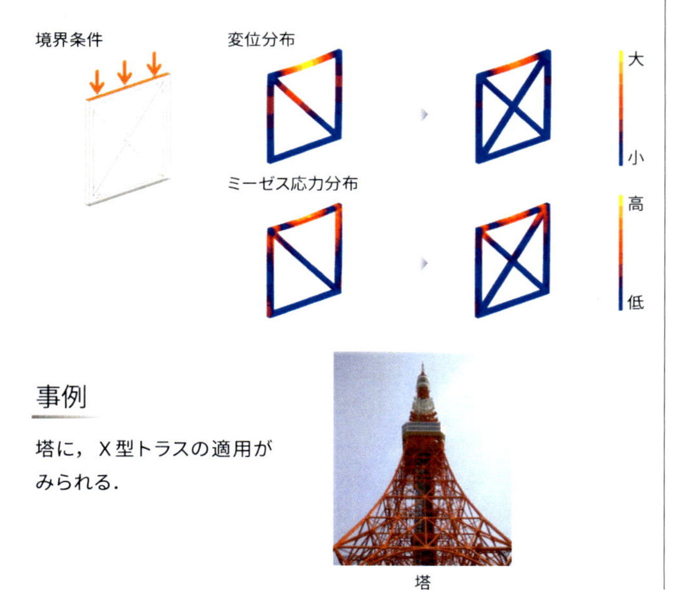

事例

塔に，X型トラスの適用がみられる．

塔

※1 トラス（truss）
骨組み構造物のなかで，すべての接点が滑節（かっせつ）で構成され，三角形を基本として組んであるものをトラスと呼ぶ．滑節では，結合部材端の変位は等しいが，モーメントが伝達されず自由に回転する．したがって，部材に直接横荷重が作用する場合を除き，トラス構造の各部材にはせん断力，曲げモーメントは発生せず，部材内力は軸力のみとなる．

※2 ミーゼス応力
（von Mises stress）
延性材料の降伏強度を判断する指標のこと．3次元の応力状態を合成し，単軸（1次元）状態に置き換えた応力．単位体積あたりのせん断ひずみエネルギーが限界を超えると，材料が降伏するという説に基づいている．

条件

■ 荷重の方向

良い条件

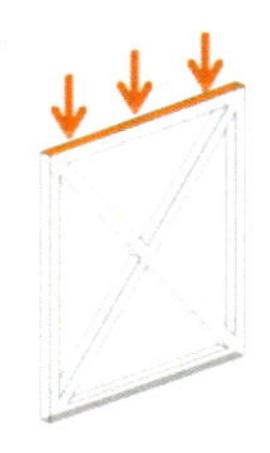

上図で示す荷重方向に対して，効果が認められる．

■ 材料

基本的には金属が用いられるが，プラスチック，セラミック，木材などにも適用可能である．

■ 加工

部材の節点をピン接合※3し，自由に回転できるようにするのが理想である，しかし，実際の構造物で純粋なピン接合とすることは少なく，節点が事実上溶接※4などによる剛接合※5に近いものが多い．

補足

トラス構造には，平面トラス（ワーレン），平面トラス（キングポスト），立体トラスなどの種類がある．塔などの建造物にはワーレンや「X字形」トラスなどが使用されている．

塔のトラス構造

※3 ピン接合（pin connection）
部材と部材の接合部にピンを用いたもので，一方を固定しても片方の部材が外力を受けると回転して変形できる接合方法のこと．

※4 溶接（welding）
複数の金属材料あるいは非金属材料を，加熱あるいは加圧により原子間結合させることで接合する行為，あるいは接合されたもののこと．
溶接は，母材の接合部を過熱溶融して接合する溶融溶接（融接）と，母材接合面を突き合わせて加熱あるいは加圧し固相状態で接合する固相接合（圧接）に大別される．

※5 剛接合（rigid connection）
部材の接合形式の一種で，骨組みに力が加わり部材が変形しても接合部が変形しない接合方法のこと．

27 波形板の使用

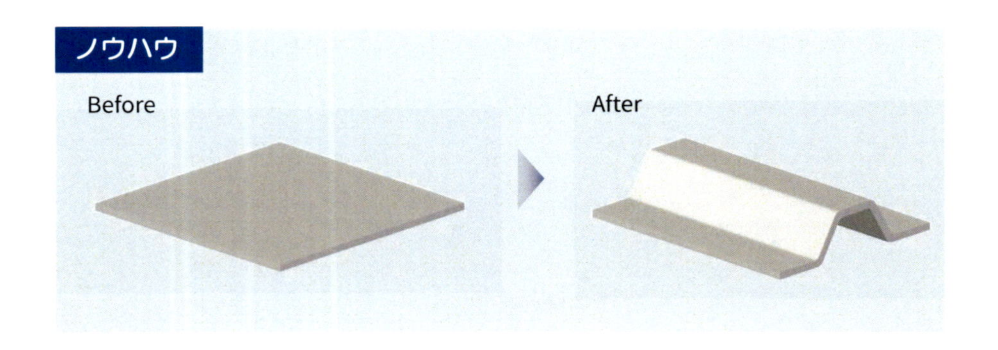

効果

板厚の増加を避けながら，強度および剛性ともに向上させることができる． 断面二次モーメント※1の増加により，剛性が向上する．また，荷重の方向に対して，波形の縦壁がせん断で力を負担し，拘束端でのミーゼス応力※2の最大値が減少し，強度が向上する．

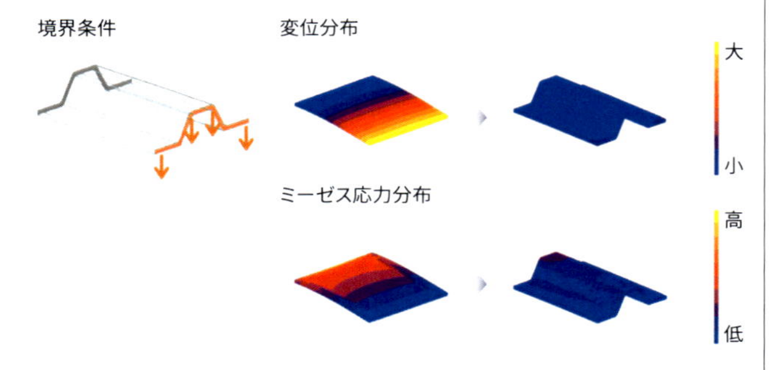

※1 断面二次モーメント
(second moment of area)
曲げモーメントに対する物体の変形のしにくさを表した量のこと．物体の断面形状を変えると，断面二次モーメントの値も変化するので，構造物の耐久性を向上させるうえで，設計上の指標として用いられる．

※2 ミーゼス応力
(von Mises stress)
延性材料の降伏強度を判断する指標のこと．3次元の応力状態を合成し，単軸（1次元）状態に置き換えた応力．単位体積あたりのせん断ひずみエネルギーが限界を超えると，材料が降伏するという説に基づいている．

事例

波形板は屋根などにも使用されている．波形板にも，さまざまな種類があり，角形でフレームと接する面を確保しているものや，なめらかな波形を描いているものなどがある．

条件

■ 荷重の方向

良い条件

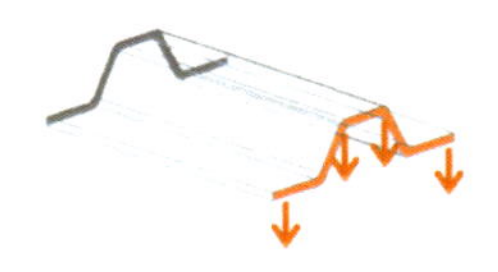

曲げに対して，強度および剛性ともに向上する．

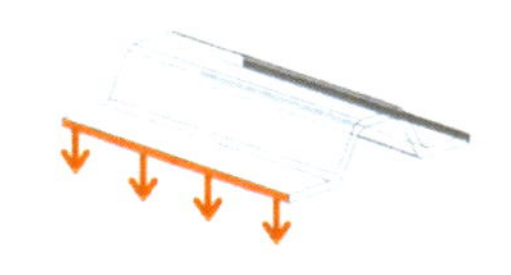

左図のような曲げに対しても，強度および剛性ともに向上する．

良くない条件

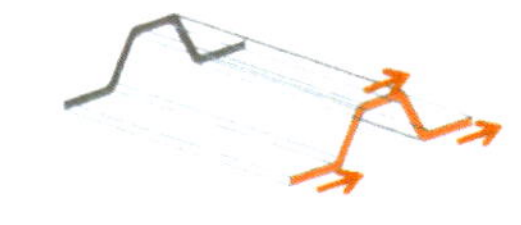

せん断に対して，強度および剛性ともに低下する．

■ 材料

基本的には金属が用いられるが，プラスチック，セラミック，木材などにも適用可能である．

■ 加工

金属においては，プレス加工※3による成形が可能である．その際，大きく曲げられる角部はプレス時に破断※4しやすい．対策としては，角部の形状を緩やかに変化させることで回避することができる．なお，内側のコーナーRは板厚以上にする必要がある．

また，プラスチックにおいては，射出成形※5や加熱プレスで成形することができる．

※3 プレス加工（press work）
プレス機械を用いて材料を塑性変形させて加工する方法のこと．板状素材を加工する板金プレス加工，塊状素材を加工する鍛造プレス加工，粉末を圧縮して成形する粉末プレス加工などがある．

※4 破断（rupture）
一つの物体が壊れて二つ以上に分離する現象のこと．

※5 射出成形
(injection molding)
材料を加熱溶融し，低温に維持された金型に流入させ，冷却固化させて製品を得る成形方法のこと．

28 平板への縦通材の追加

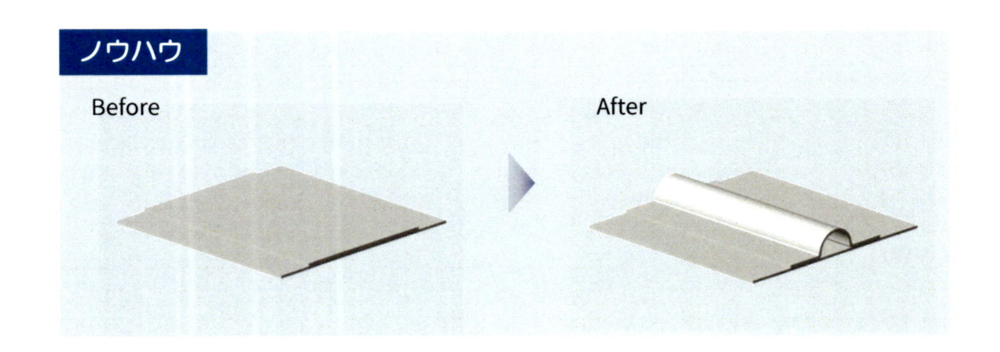

効果

板厚の増加を避けながら，平板の強度および剛性ともに向上させることができる．平板を補強する際に，立体的な形状の部材を張り合わせることで縦通材※1の役割を果たし，断面二次モーメント※2が増加し，剛性が向上する．また，強度も向上する．

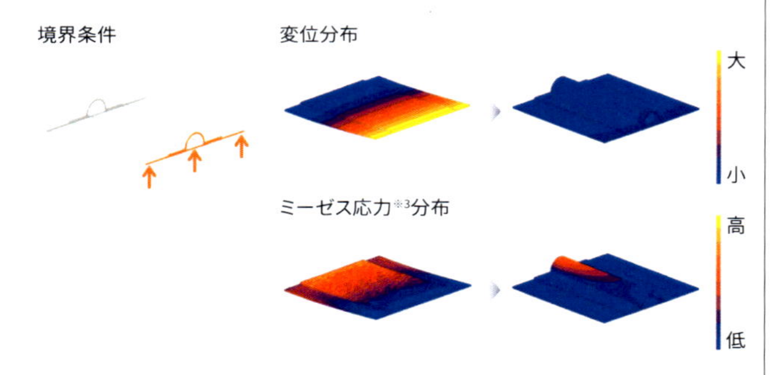

事例

道路標識の裏面に支柱への取付け構造を兼ねた縦通材が設置されている．風圧などに対し標識がたわみにくい構造となっている．

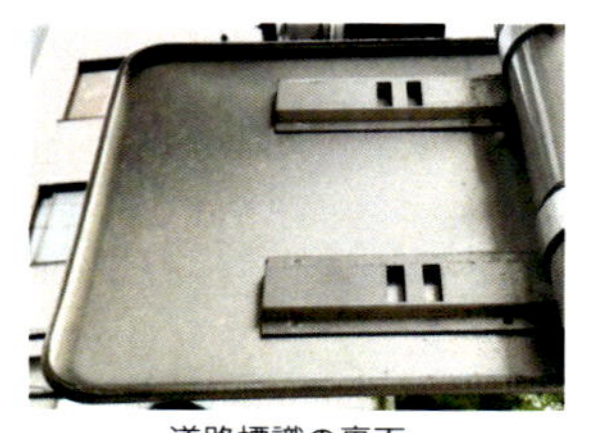
道路標識の裏面

※1 縦通材（stringer）
平板の片側に接合することで，平板の剛性や強度を向上させる部材のこと．航空機や船舶などの外壁の内側に，全長にわたって設置されている．

※2 断面二次モーメント
（second moment of area）
曲げモーメントに対する物体の変形のしにくさを表した量のこと．物体の断面形状を変えると，断面二次モーメントの値も変化するので，構造物の耐久性を向上させるうえで，設計上の指標として用いられる．

※3 ミーゼス応力
（von Mises stress）
延性材料の降伏強度を判断する指標のこと．3次元の応力状態を合成し，単軸（1次元）状態に置き換えた応力．単位体積あたりのせん断ひずみエネルギーが限界を超えると，材料が降伏するという説に基づいている．

条件

■ 荷重の方向

良い条件　　　　　　　　　良くない条件

平板における鉛直方向の荷重に対しては効果が認められる．しかし，引張りやせん断の荷重では剛性は向上するものの，強度は低下するため注意が必要である．

■ 材料

基本的には金属が用いられるが，プラスチック，セラミック，木材などにも適用可能である．

■ 加工

金属においては，プレス加工※4による成形が可能である．その際，大きく曲げられる角部はプレス時に破断※5しやすい．対策としては，角部の形状を緩やかに変化させることで回避することができる．なお，内側のコーナーRは板厚以上にする必要がある．
また，プラスチックにおいては，射出成形※6や加熱プレスで成形することができる．

※4 プレス加工（press work）
プレス機械を用いて材料を塑性変形させて加工する方法のこと．板状素材を加工する板金プレス加工，塊状素材を加工する鍛造プレス加工，粉末を圧縮して成形する粉末プレス加工などがある．

※5 破断（rupture）
一つの物体が壊れて二つ以上に分離する現象のこと．

※6 射出成形
(injection molding)
材料を加熱溶融し，低温に維持された金型に流入させ，冷却固化させて製品を得る成形方法のこと．

補足

このノウハウの応用として「29 外向き開断面の縦通材取り付け方向の工夫」がある．縦通材の設置方向を工夫することにより，さらに剛性および強度の向上につなげることができる．ただし，その際，縦通材の開断面が外向きになっていることにより，周囲への悪影響（人体への障害・他部品への干渉など）が懸念され，安全性が低下する可能性があるため，注意した上で適用する必要がある．

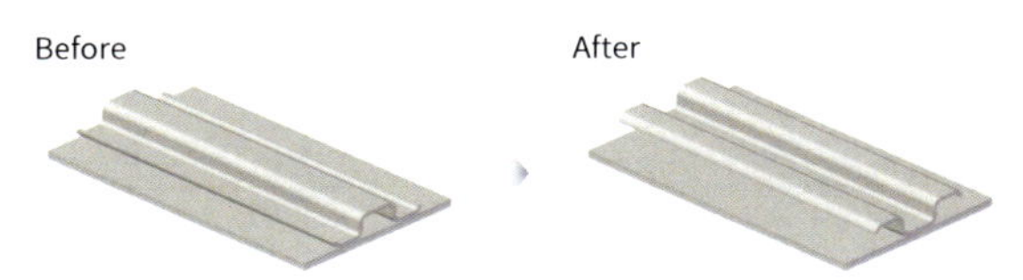

29 外向き開断面の縦通材取り付け方向の工夫

29 外向き開断面の縦通材取り付け方向の工夫

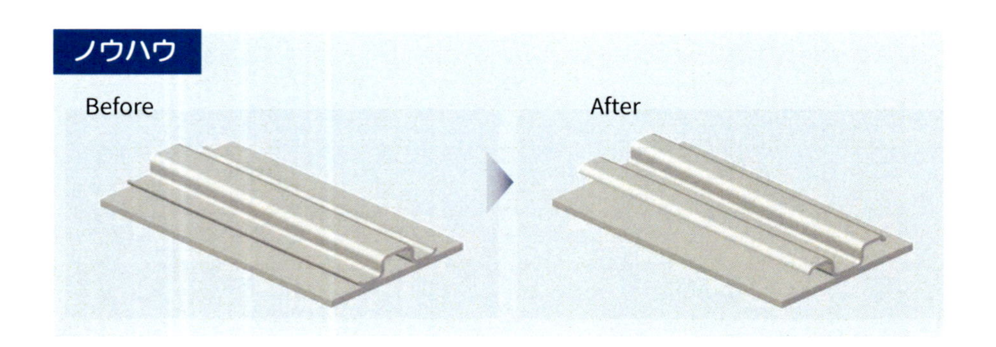

効果

板厚の増加を避けながら，強度および剛性を向上させることができる． 縦通材※1を開断面になるよう設置することで，断面二次モーメント※2が増加し，剛性が向上する．また，縦通材のフランジの部材量が十分であれば，荷重条件によっては強度も向上する．

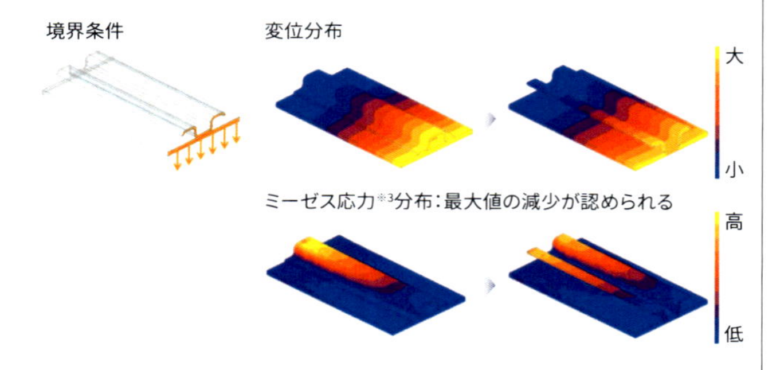

事例

飛行機の外壁の内部に開断面の縦通材が設置されている．外気と内部との圧力差，風圧などに対し外壁がたわみにくい構造となっている．

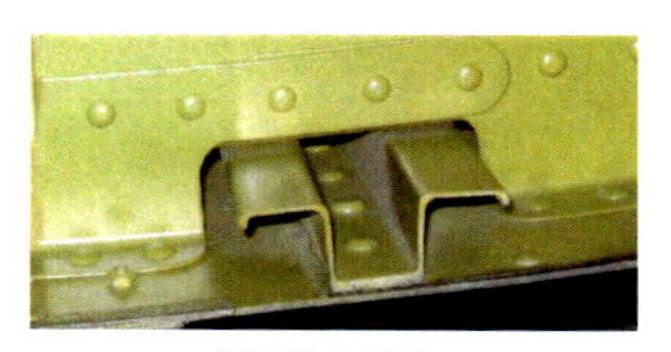

飛行機の外壁

※1 縦通材（stringer）
平板の片側に接合することで，平板の剛性や強度を向上させる部材のこと．航空機や船舶などの外壁の内側に，全長にわたって設置されている．

※2 断面二次モーメント
（second moment of area）
曲げモーメントに対する物体の変形のしにくさを表した量のこと．物体の断面形状を変えると，断面二次モーメントの値も変化するので，構造物の耐久性を向上させるうえで，設計上の指標として用いられる．

※3 ミーゼス応力
（von Mises stress）
延性材料の降伏強度を判断する指標のこと．3次元の応力状態を合成し，単軸（1次元）状態に置き換えた応力．単位体積あたりのせん断ひずみエネルギーが限界を超えると，材料が降伏するという説に基づいている．

条件

■ 荷重の方向

良い条件

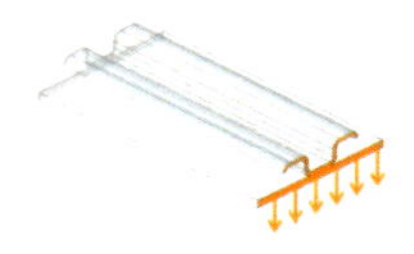

曲げに対して，強度および剛性ともに向上する．

良くない条件

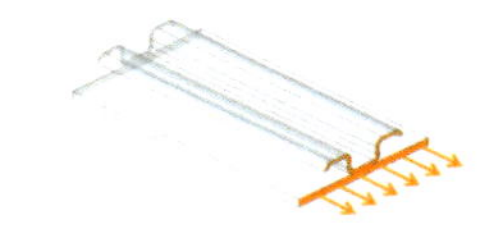

引張りに対しては，剛性は向上するものの，強度は低下するため注意が必要である．

■ 材料

基本的には金属が用いられるが，プラスチック，セラミック，木材などにも適用可能である．

■ 加工

金属においては，プレス加工※4による成形が可能である．その際，大きく曲げられる角部はプレス時に破断※5しやすい．対策としては，角部の形状を緩やかに変化させることで回避することができる．なお，内側のコーナーRは板厚以上にする必要がある．

また，プラスチックにおいては，射出成形※6や加熱プレスで成形することができる．

■ 安全上の注意点

開断面が外向きになっていることにより，周囲への悪影響（人体への障害・他部品への干渉など）が懸念される．しかし，事例のように周りが覆われており，隠れている場所であれば問題ない．また，部材の端部に対してカーリング※7や，はぜ※8折りを行うことで，周囲への悪影響を防ぐことができる．

※4 プレス加工（press work）
プレス機械を用いて材料を塑性変形させて加工する方法のこと．板状素材を加工する板金プレス加工，塊状素材を加工する鍛造プレス加工，粉末を圧縮して成形する粉末プレス加工などがある．

※5 破断（rupture）
一つの物体が壊れて二つ以上に分離する現象のこと．

※6 射出成形
（injection molding）
材料を加熱溶融し，低温に維持された金型に流入させ，冷却固化させて製品を得る成形方法のこと．

※7 カーリング（curling）
板および管材の端部をカール状に丸める成形法のこと．安全性向上，外観向上，補強およびヒンジのピン穴として用いられる．

※8 はぜ（seam）
板金加工の分野において，板を接続する場合に用いる折り曲げの部分のこと．

30 平板へのビードの設置

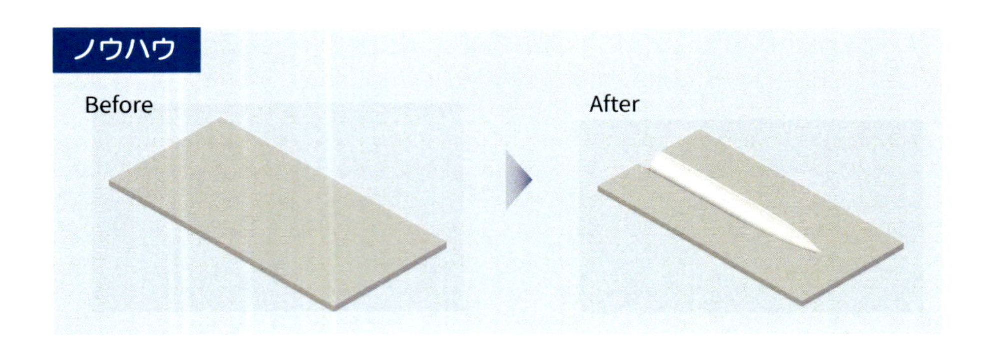

効果

板厚の増加を避けながら，平板の剛性を向上させることができる．

ビード※1を設けることで，断面二次モーメント※2が増加し，剛性が向上する．一方で，ビードは形状急変箇所となるため，応力集中を起こしやすく，強度は低下する．

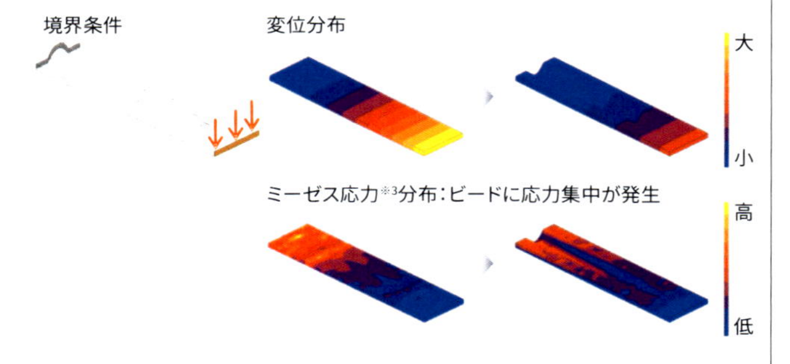

事例

飛行機のホイール格納庫の内側の平板にビードが施されており，空気圧や荷重によるたわみを防止している．

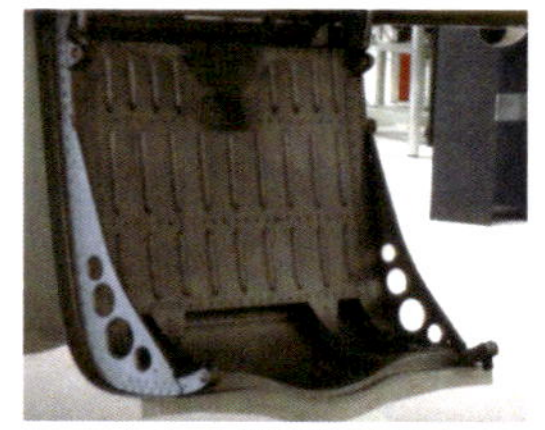
ホイール格納庫の平板

※1 ビード（bead）
板材のプレス成形品の剛性を強化するために，エンボス成形した，リブ状の突起のこと．

※2 断面二次モーメント
（second moment of area）
曲げモーメントに対する物体の変形のしにくさを表した量のこと．物体の断面形状を変えると，断面二次モーメントの値も変化するので，構造物の耐久性を向上させるうえで，設計上の指標として用いられる．

※3 ミーゼス応力
（von Mises stress）
延性材料の降伏強度を判断する指標のこと．3次元の応力状態を合成し，単軸（1次元）状態に置き換えた応力．単位体積あたりのせん断ひずみエネルギーが限界を超えると，材料が降伏するという説に基づいている．

条件

■ 荷重の方向

良い条件

曲げに対して，剛性は向上するものの，強度は低下するため注意が必要である．

良くない条件

引張りに対しては，強度および剛性ともに低下する．

■ 材料

基本的には金属が用いられるが，プラスチック，セラミック，木材などにも適用可能である．

■ 加工

金属においては，プレス加工※4による成形が可能である．また，プラスチックにおいては，射出成形※5や加熱プレスで成形できる．

※4 プレス加工（press work）
プレス機械を用いて材料を塑性変形させて加工する方法のこと．板状素材を加工する板金プレス加工，塊状素材を加工する鍛造プレス加工，粉末を圧縮して成形する粉末プレス加工などがある．

※5 射出成形
(injection molding)
材料を加熱溶融し，低温に維持された金型に流入させ，冷却固化させて製品を得る成形方法のこと．

■ 寸法

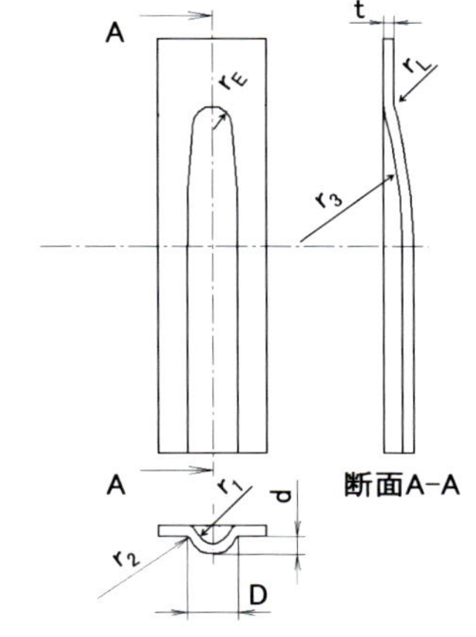

- $r_1 = \frac{1}{2}D = (3 \sim 5)t$
- $r_2 = (1 \sim 3)t$
- $r_3 = 2D$
- $r_E = (2 \sim 3.5)\,t$
- $r_L = r_2$
- $d = r_1$

推奨寸法値の例

31 ブラケットへのビードの設置

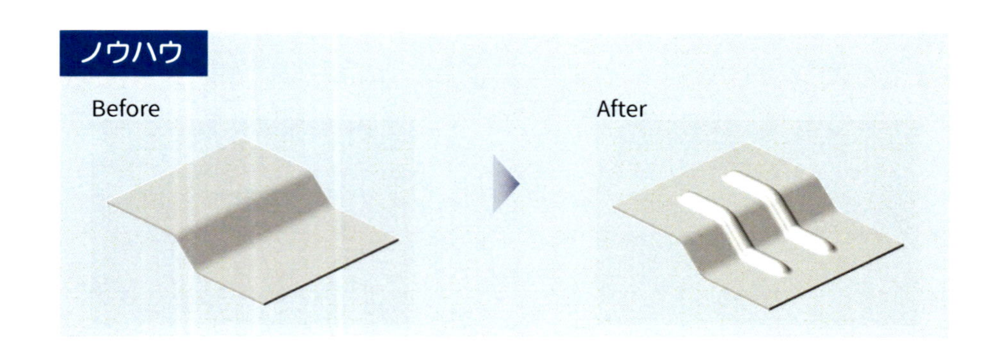

効果

板厚の増加を避けながら，ブラケット※1の剛性を向上させることができる．ビード※2を設けることで断面二次モーメント※3が増加し，剛性が向上する．一方で，ビードに応力集中が発生するため，ミーゼス応力※4の最大値は増加し，強度は低下する可能性がある．

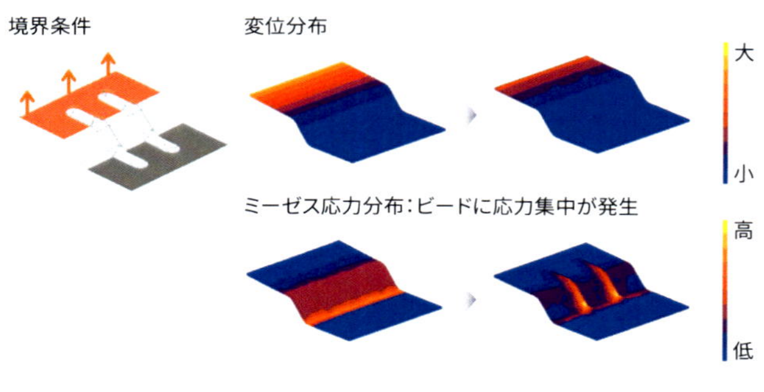

事例

エアコンのコントローラの配線を固定する，ブラケットに対して用いられている．

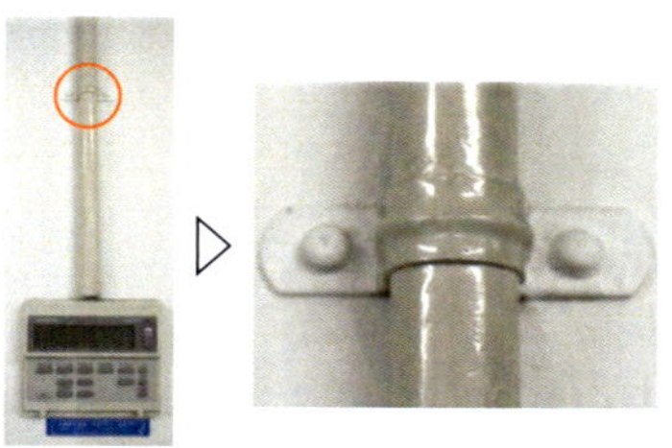

コントローラの配線部

※1 ブラケット（bracket）
機械構成部品同士を結合させるための部品のこと．

※2 ビード（bead）
板材のプレス成形品の剛性を強化するために，エンボス成形した，リブ状の突起のこと．

※3 断面二次モーメント（second moment of area）
曲げモーメントに対する物体の変形のしにくさを表した量のこと．物体の断面形状を変えると，断面二次モーメントの値も変化するので，構造物の耐久性を向上させるうえで，設計上の指標として用いられる．

※4 ミーゼス応力（von Mises stress）
延性材料の降伏強度を判断する指標のこと．3次元の応力状態を合成し，単軸（1次元）状態に置き換えた応力．単位体積あたりのせん断ひずみエネルギーが限界を超えると，材料が降伏するという説に基づいている．

条件

■ 荷重の方向

良い条件

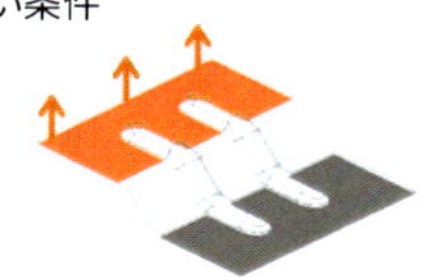

曲げに対して，剛性が向上する．しかし，強度は低下するため注意が必要である．

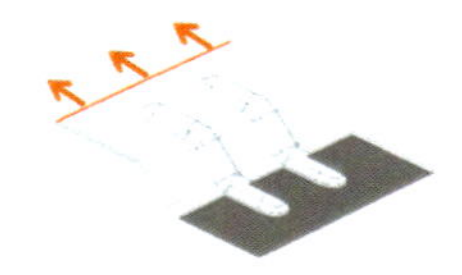

引張りに対して，剛性が向上する．しかし，強度は低下するため注意が必要である．

良くない条件

せん断に対して，強度および剛性ともに低下するため，注意が必要である．

■ 材料

基本的には金属が用いられるが，プラスチック，セラミック，木材などにも適用可能である．

■ 加工

金属においては，プレス加工※5による成形が可能である．また，プラスチックにおいては，射出成形※6や加熱プレスで成形することができる．

※5 プレス加工（press work）
プレス機械を用いて材料を塑性変形させて加工する方法のこと．板状素材を加工する板金プレス加工，塊状素材を加工する鍛造プレス加工，粉末を圧縮して成形する粉末プレス加工などがある．

※6 射出成形
（injection molding）
材料を加熱溶融し，低温に維持された金型に流入させ，冷却固化させて製品を得る成形方法のこと．

■ ビード形状の工夫

応力集中による強度の低下を回避したい場合は，極力緩やかなRおよび幅が広いビードを設置することが有効である．

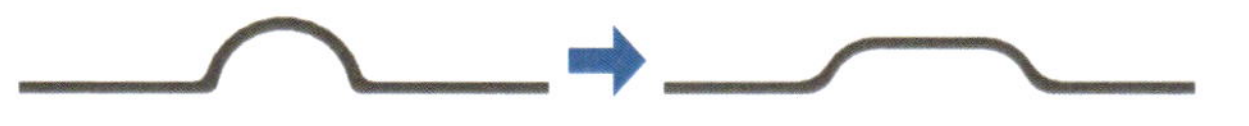

ビード形状の工夫

32 平板への十字ビードの設置

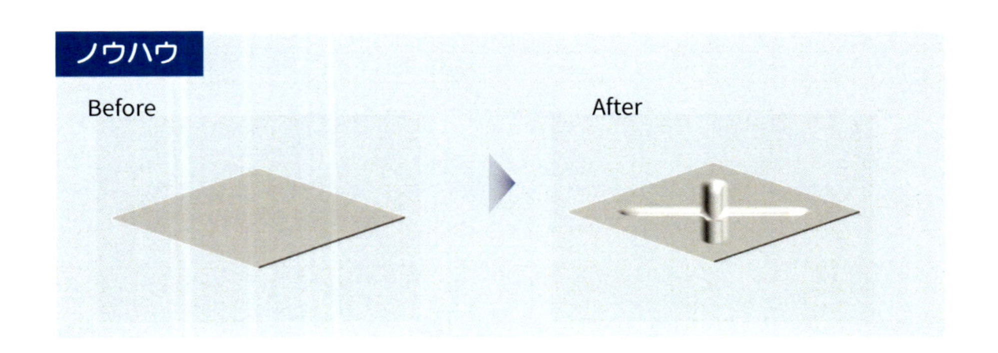

効果

板厚の増加を避けながら，平板の剛性を向上させることができる．

ビード※1を交差させることで，方向によらず断面二次モーメント※2が増加し，剛性が向上する．一方で，ビードは形状急変箇所となるため，応力集中を起こしやすく，強度は低下する．

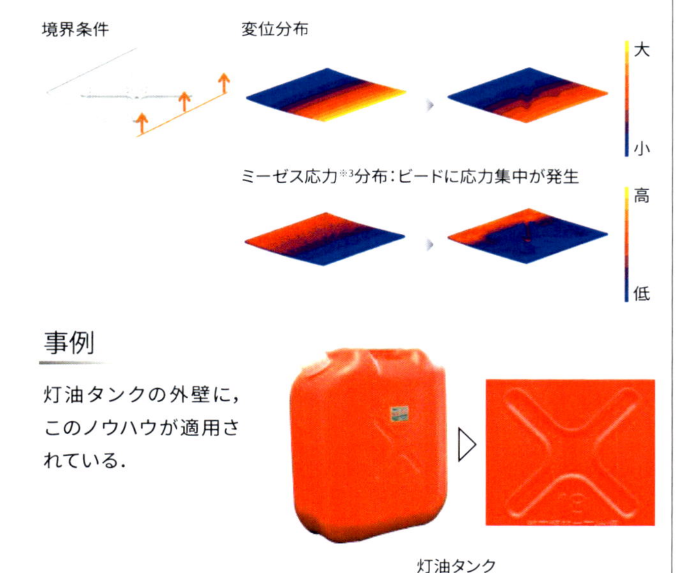

事例

灯油タンクの外壁に，このノウハウが適用されている．

灯油タンク

※1 ビード（bead）
板材のプレス成形品の剛性を強化するために，エンボス成形した，リブ状の突起のこと．

※2 断面二次モーメント
（second moment of area）
曲げモーメントに対する物体の変形のしにくさを表した量のこと．物体の断面形状を変えると，断面二次モーメントの値も変化するので，構造物の耐久性を向上させるうえで，設計上の指標として用いられる．

※3 ミーゼス応力
（von Mises stress）
延性材料の降伏強度を判断する指標のこと．3次元の応力状態を合成し，単軸（1次元）状態に置き換えた応力．単位体積あたりのせん断ひずみエネルギーが限界を超えると，材料が降伏するという説に基づいている．

条件

■ 荷重の方向

良い条件

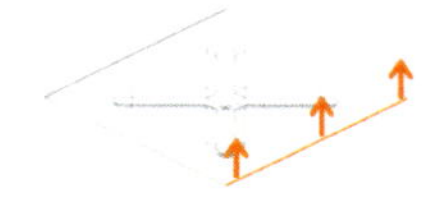

曲げに対して，剛性が向上する．しかし，強度は低下するため注意が必要である．

良くない条件

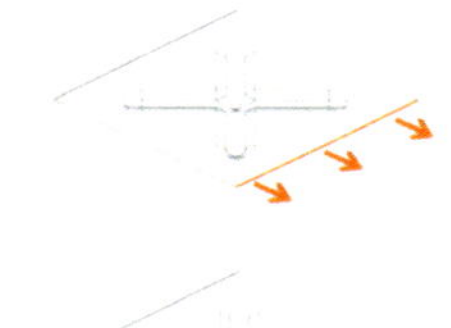

引張りに対して，強度および剛性ともに低下するため，注意が必要である．

せん断に対して，強度および剛性ともに低下するため，注意が必要である．

■ 材料

基本的には金属が用いられるが，プラスチック，セラミック，木材などにも適用可能である．

■ 加工

金属においては，プレス加工※4による成形が可能である．また，プラスチックにおいては，射出成形※5や加熱プレスで成形することができる．

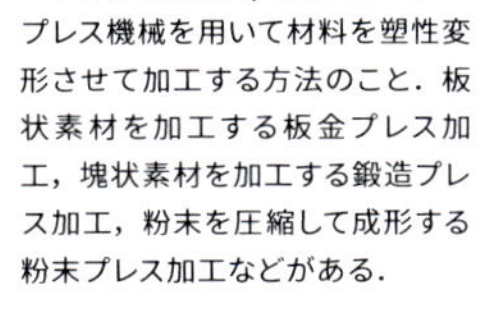

※4 プレス加工（press work）
プレス機械を用いて材料を塑性変形させて加工する方法のこと．板状素材を加工する板金プレス加工，塊状素材を加工する鍛造プレス加工，粉末を圧縮して成形する粉末プレス加工などがある．

※5 射出成形
(injection molding)
材料を加熱溶融し，低温に維持された金型に流入させ，冷却固化させて製品を得る成形方法のこと．

■ ビード形状の工夫

応力集中による強度の低下を回避したい場合は，極力緩やかなRおよび幅が広いビードを設置することが有効である．

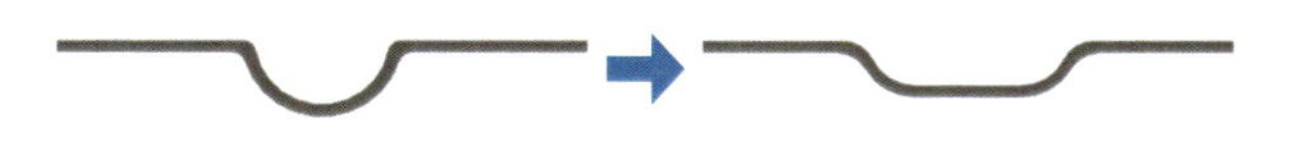

ビード形状の工夫

33 コーナーへのビードの設置

ノウハウ

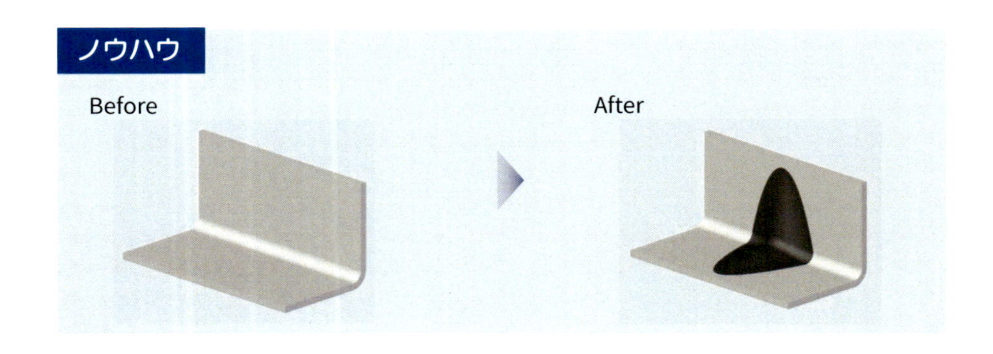

効果

板厚の増加を避けながら，剛性を向上させることができる．変形を受けやすいコーナーにビード※1を設けることで，断面二次モーメント※2が増加し，剛性が向上する．ただし，ビードに応力集中が起き，ミーゼス応力※3の最大値が増加し，強度は低下する．

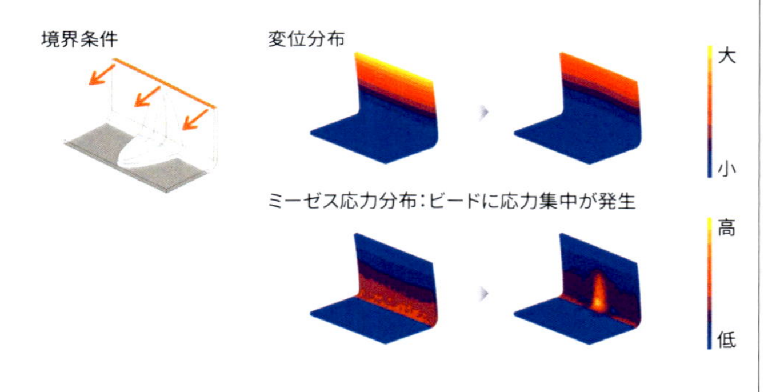

事例

配線ダクトのコーナーにビードが適用されている．

配線ダクトのコーナー

※1 ビード（bead）
板材のプレス成形品の剛性を強化するために，エンボス成形した，リブ状の突起のこと．

※2 断面二次モーメント（second moment of area）
曲げモーメントに対する物体の変形のしにくさを表した量のこと．物体の断面形状を変えると，断面二次モーメントの値も変化するので，構造物の耐久性を向上させるうえで，設計上の指標として用いられる．

※3 ミーゼス応力（von Mises stress）
延性材料の降伏強度を判断する指標のこと．3次元の応力状態を合成し，単軸（1次元）状態に置き換えた応力．単位体積あたりのせん断ひずみエネルギーが限界を超えると，材料が降伏するという説に基づいている．

条件

■ 荷重の方向

良い条件

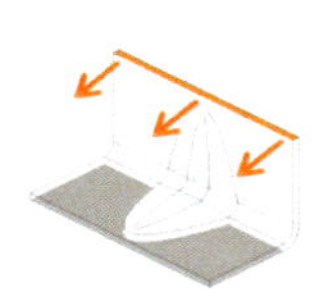
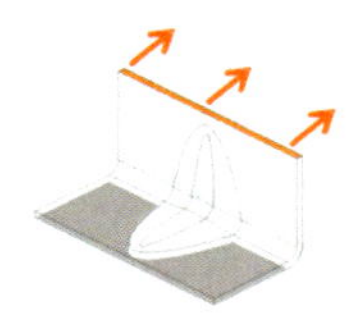
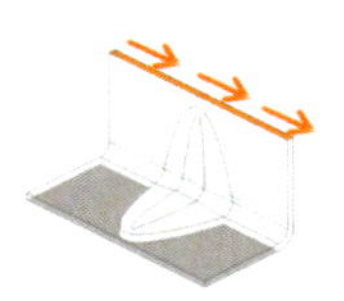

上図で示す荷重に対して，効果が認められる．ただし，いずれの場合も強度は低下する可能性があるため注意する必要がある．

■ 材料

基本的には金属が用いられるが，プラスチック，セラミック，木材などにも適用可能である．

■ 加工

金属においては，プレス加工※4による成形が可能である．しかし，曲げ加工とビード加工を同時に行うと，キズ発生の原因となるため，ビードを板材のうちに加工したあとに曲げ加工する．

プラスチックにおいては，射出成形※5で成形することができる．射出成形の場合には，ウェルドライン※6がビード付近に重ならないようゲート※7の位置を工夫する必要がある．応力集中を起こしやすいビードに，ウェルドラインが重なると破壊の原因となるためである．

■ 寸法

被加工材に対して，ビードが小さすぎると効果が得られない．

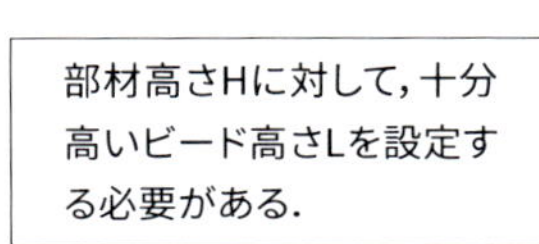

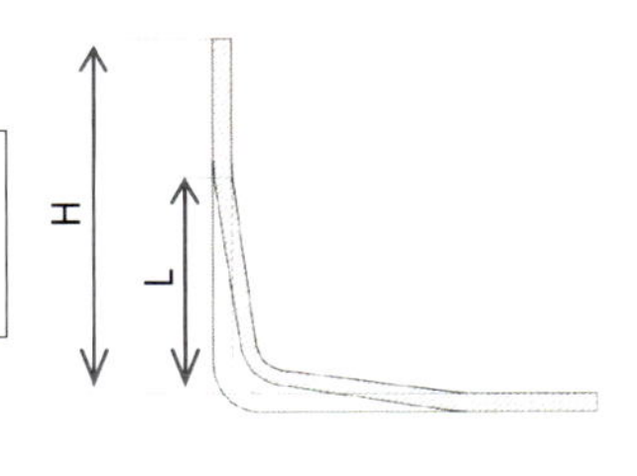

※4 **プレス加工（press work）**
プレス機械を用いて材料を塑性変形させて加工する方法のこと．板状素材を加工する板金プレス加工，塊状素材を加工する鍛造プレス加工，粉末を圧縮して成形する粉末プレス加工などがある．

※5 **射出成形（injection molding）**
材料を加熱溶融し，低温に維持された金型に流入させ，冷却固化させて製品を得る成形方法のこと．

※6 **ウェルドライン（weld line）**
射出成形において，金型内で溶融樹脂の流れが合流した部分に発生する細い線のこと．ウェルドライン付近は，外観が悪いだけでなく，機械的強度も低い．

※7 **ゲート（gate）**
射出成形において，溶融した樹脂が射出成形機から，金型に入る入り口のこと．材料の流れや充填率に大きく影響を及ぼす．

34 リブの端末形状の工夫

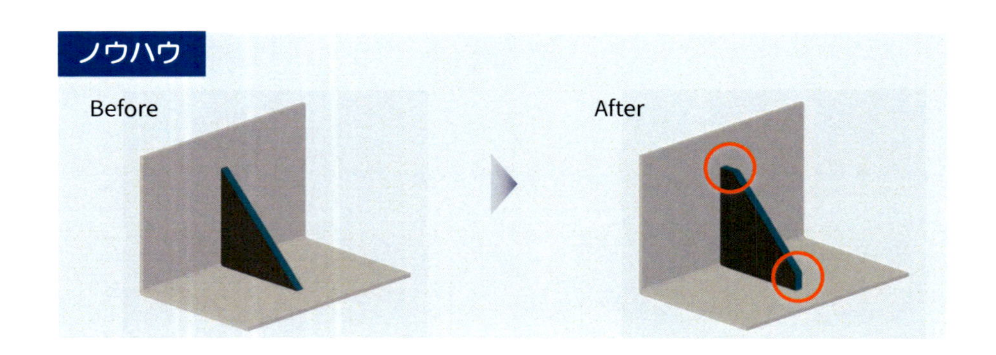

効果

板厚の増加を避けながら，リブ[※1]部分の強度を向上させることができる．リブ端末は応力集中を起こしやすいため，リブ端末の部材を増やすことにより，ミーゼス応力[※2]の最大値を減少させることで，強度を向上できる．

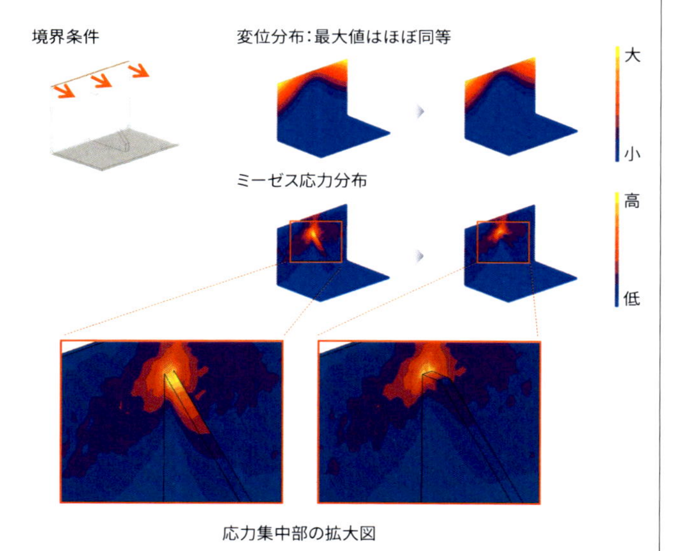

応力集中部の拡大図

※1 リブ（rib）
製品の剛性を高めるために，部分的に設ける突起部のこと．牛の肋骨部に由来するといわれている．

※2 ミーゼス応力
（von Mises stress）
延性材料の降伏強度を判断する指標のこと．3次元の応力状態を合成し，単軸（1次元）状態に置き換えた応力．単位体積あたりのせん断ひずみエネルギーが限界を超えると，材料が降伏するという説に基づいている．

条件

■ 荷重の方向

良い条件

曲げに対して，強度が向上する．ただし，剛性の向上は見込めないため注意が必要である．

せん断に対して，強度が向上する．ただし，剛性の向上は見込めないため注意が必要である．

圧縮に対して，強度が向上する．ただし，剛性の向上は見込めないため注意が必要である．

■ 材料

多くの材料に適用可能である．例えば，金属，プラスチック，セラミック，木材などに適用可能である．

■ 加工

金属においては，溶接※3による接合や，鋳造※4，鍛造※5による成形で設置することができる．また，プラスチックにおいては，射出成形※6で一体的に成形可能である．

射出成形の場合には，ウェルドライン※7がリブ付近に重ならないようゲート※8の位置を工夫する必要がある．応力集中を起こしやすいリブの根元付近に，ウェルドラインが重なると破壊の原因となるためである．

※3 溶接（welding）
複数の金属材料あるいは非金属材料を，加熱あるいは加圧により原子間結合させることで接合する行為，あるいは接合されたもののこと．

※4 鋳造［ちゅうぞう］（casting）
金属および合金を溶融状態で鋳型に注入し，凝固，冷却後鋳型より取り出す材料加工法のこと．

※5 鍛造［たんぞう］（forging）
金属材料を加熱し，打撃または加圧して接合する方法のこと．

※6 射出成形
（injection molding）
材料を加熱溶融し，低温に維持された金型に流入させ，冷却固化させて製品を得る成形方法のこと．

※7 ウェルドライン（weld line）
射出成形において，金型内で溶融樹脂の流れが合流した部分に発生する細い線のこと．ウェルドライン付近は，外観が悪いだけでなく，機械的強度も低い．

※8 ゲート（gate）
射出成形において，溶融した樹脂が射出成形機から，金型に入る入り口のこと．材料の流れや充填率に大きく影響を及ぼす．

35 ブラケットへのフランジの設置

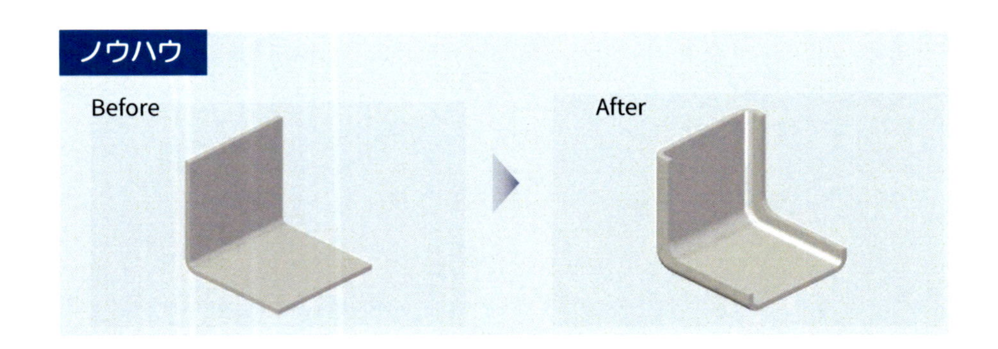

効果

板厚の増加を避けながら，ブラケット※1の強度および剛性を向上させることができる．ブラケットの外縁にフランジ※2を立てることにより，断面二次モーメント※3が増加し，剛性が向上する．また，フランジの高さが十分であれば強度も向上する．

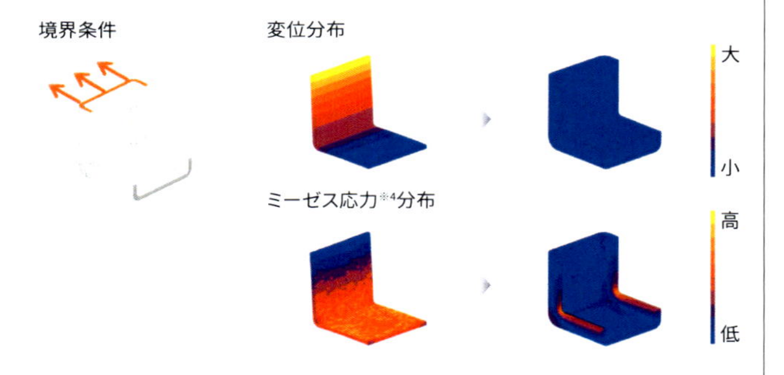

事例

電柱の信号機や標識を固定するブラケットにフランジの設置がみられる．締結による荷重を受けて，変形することを防ぐ狙いがある．

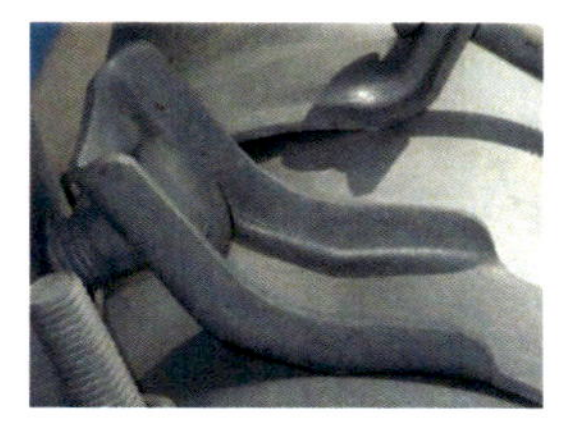

電柱における標識などの固定部分

※1 ブラケット（bracket）
機械構成部品同士を結合させるための部品のこと．

※2 フランジ（frange）
円板状，平板状に突き出した部材に対する呼称のこと．

※3 断面二次モーメント（second moment of area）
曲げモーメントに対する物体の変形のしにくさを表した量のこと．物体の断面形状を変えると，断面二次モーメントの値も変化するので，構造物の耐久性を向上させるうえで，設計上の指標として用いられる．

※4 ミーゼス応力（von Mises stress）
延性材料の降伏強度を判断する指標のこと．3次元の応力状態を合成し，単軸（1次元）状態に置き換えた応力．単位体積あたりのせん断ひずみエネルギーが限界を超えると，材料が降伏するという説に基づいている．

条件

■ 荷重の方向

良い条件

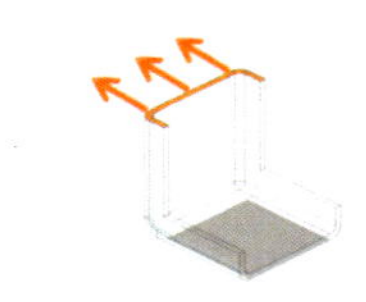

曲げに対して，剛性が向上する．また，フランジの高さが十分であれば強度も向上する．

良くない条件

フランジに対して直角方向の荷重に対しては，強度および剛性ともに低下するため，注意が必要である．

■ 材料

金属，プラスチック，セラミック，木材など，多くの材料に適用可能である．

■ 加工

金属においては，プレス加工※5による成形が可能である．プレス加工では，加工工数の増加はない．ただし，フランジを設置してから曲げ加工を行う場合には，しわやき裂※6の発生が心配される．この場合には，ブラケットとは別にフランジを作成し，あとで接合する方法をとる．例えば，溶接※7による接合が考えられるが，その場合には加工工数が増加するというデメリットがあるので注意が必要である．他にも，鋳造※8，鍛造※9により成形することができる．

プラスチックにおいては，射出成形※10で一体的に成形することができる．その場合には，加工工数の増加はない．

※5 **プレス加工**（press work）
プレス機械を用いて材料を塑性変形させて加工する方法のこと．板状素材を加工する板金プレス加工，塊状素材を加工する鍛造プレス加工，粉末を圧縮して成形する粉末プレス加工などがある．

※6 **き裂**（crack）
材料中に生じた細い割れ目のこと．き裂面で材料は分離されているため，き裂先端，あるいはき裂前縁では応力やひずみが無限大となる特異点が存在する．

※7 **溶接**（welding）
複数の金属材料あるいは非金属材料を，加熱あるいは加圧により原子間結合させることで接合する行為，あるいは接合されたもののこと．

※8 **鋳造**［ちゅうぞう］（casting）
金属および合金を溶融状態で鋳型に注入し，凝固，冷却後鋳型より取り出す材料加工法のこと．

※9 **鍛造**［たんぞう］（forging）
金属材料を加熱し，打撃または加圧して接合する方法のこと．

※10 **射出成形**
（injection molding）
材料を加熱溶融し，低温に維持された金型に流入させ，冷却固化させて製品を得る成形方法のこと．

36 コーナー周りの部材端面形状の工夫

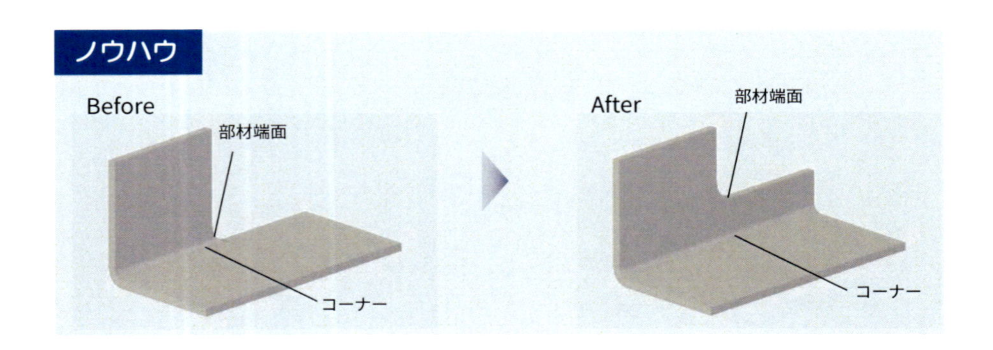

効果

板厚の増加を避けながら，強度および剛性を向上させることができる．応力集中の原因となるコーナーと，部材端面の形状急変箇所をずらすことによって，ミーゼス応力※1の最大値を減少させ，強度が向上する．また，同様に剛性も向上する．

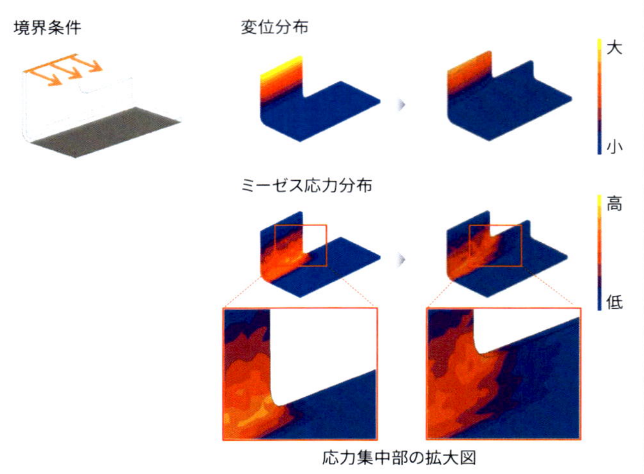

応力集中部の拡大図

事例

形状の特徴上，部材コーナーと端面が重複しやすいブラケット※2に多く適用されている．

※1 ミーゼス応力（von Mises stress）
延性材料の降伏強度を判断する指標のこと．3次元の応力状態を合成し，単軸（1次元）状態に置き換えた応力．単位体積あたりのせん断ひずみエネルギーが限界を超えると，材料が降伏するという説に基づいている．

※2 ブラケット（bracket）
機械構成部品同士を結合させるための部品のこと．

条件

■ 荷重の方向

良い条件

曲げに対して,強度および剛性が向上する.

圧縮に対して,強度および剛性が向上する.

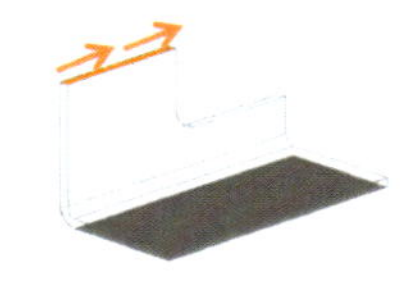

せん断に対して,強度および剛性が向上する.

上図で示す荷重に対して,効果が認められる.一般的に,コーナーを有するときは,応力集中が発生しやすいので注意が必要である.

■ 材料

金属,プラスチック,セラミック,木材など,多くの材料に適用可能である.

■ 加工

金属においては,プレス加工※3による成形が可能である.その際,大きく曲げられる角部はプレス時に破断※4しやすい.対策としては,角部の形状を緩やかに変化させることで回避することができる.なお,内側のコーナーRは板厚以上にする必要がある.

また,プラスチックにおいては,射出成形※5や加熱プレスで成形することができる.

※3 **プレス加工** (press work)
プレス機械を用いて材料を塑性変形させて加工する方法のこと.板状素材を加工する板金プレス加工,塊状素材を加工する鍛造プレス加工,粉末を圧縮して成形する粉末プレス加工などがある.

※4 **破断** (rupture)
一つの物体が壊れて二つ以上に分離する現象のこと.

※5 **射出成形**
(injection molding)
材料を加熱溶融し,低温に維持された金型に流入させ,冷却固化させて製品を得る成形方法のこと.

37 直線部と曲線部を結ぶR部の設置

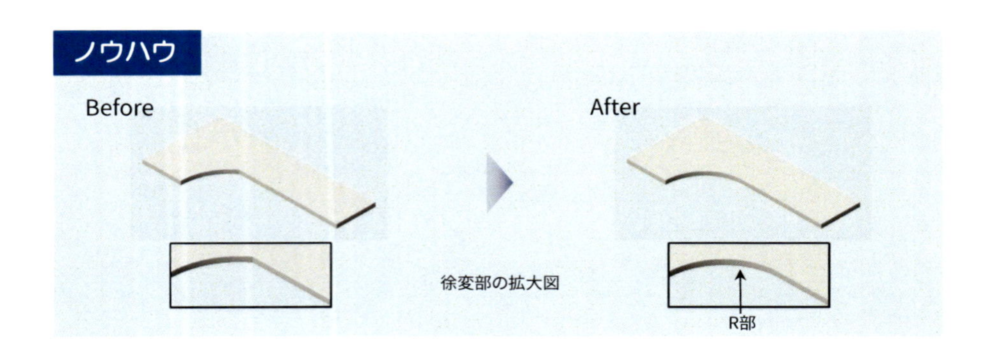

効果

板厚の増加を避けながら，強度を向上させることができる．部材端面の形状急変箇所を緩やかなRでつなぐことにより，応力集中を防ぎ，強度が向上する．

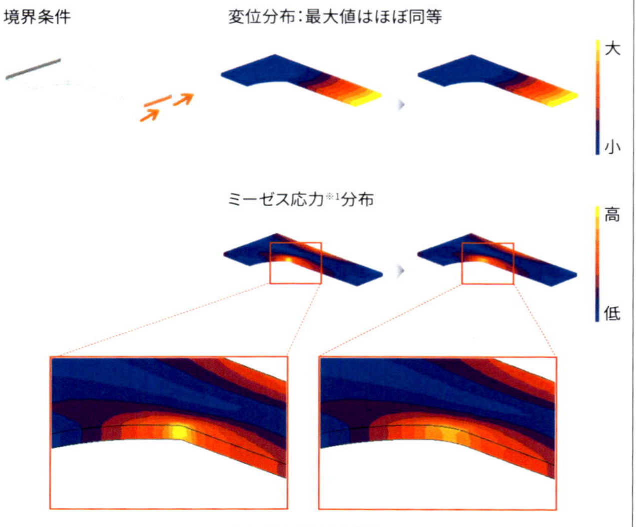

応力集中部の拡大図

※1 ミーゼス応力（von Mises stress）
延性材料の降伏強度を判断する指標のこと．3次元の応力状態を合成し，単軸（1次元）状態に置き換えた応力．単位体積あたりのせん断ひずみエネルギーが限界を超えると，材料が降伏するという説に基づいている．

条件

■ 荷重の方向

良い条件

せん断に対して，強度が向上する．ただし，剛性の向上はあまり見込めないため注意が必要である．

引張りに対して，強度が向上する．ただし，剛性の向上はあまり見込めないため注意が必要である．

曲げに対して，強度が向上する．ただし，剛性の向上はあまり見込めないため注意が必要である．

■ 材料

多くの材料に適用可能である．例えば，金属，プラスチック，セラミック，木材などに適用可能である．

■ 加工

金属においては，プレス加工※2による成形が可能である．また，鋳造※3，鍛造※4により一体的に成形することができる．母材を成形したあと，切削※5によりR部を設置することも可能である．
プラスチックにおいては，射出成形※6で成形することができる．

※2 **プレス加工（press work）**
プレス機械を用いて材料を塑性変形させて加工する方法のこと．板状素材を加工する板金プレス加工，塊状素材を加工する鍛造プレス加工，粉末を圧縮して成形する粉末プレス加工などがある．

※3 **鋳造［ちゅうぞう］（casting）**
金属および合金を溶融状態で鋳型に注入し，凝固，冷却後鋳型より取り出す材料加工法のこと．

※4 **鍛造［たんぞう］（forging）**
金属材料を加熱し，打撃または加圧して接合する方法のこと．

※5 **切削（cutting）**
工作機械と切削工具を使用して，工作物の不必要な部分を切りくずとして除去し，所望の形状や寸法に加工する除去加工のこと．

※6 **射出成形（injection molding）**
材料を加熱溶融し，低温に維持された金型に流入させ，冷却固化させて製品を得る成形方法のこと．

38 平板へのリブの設置

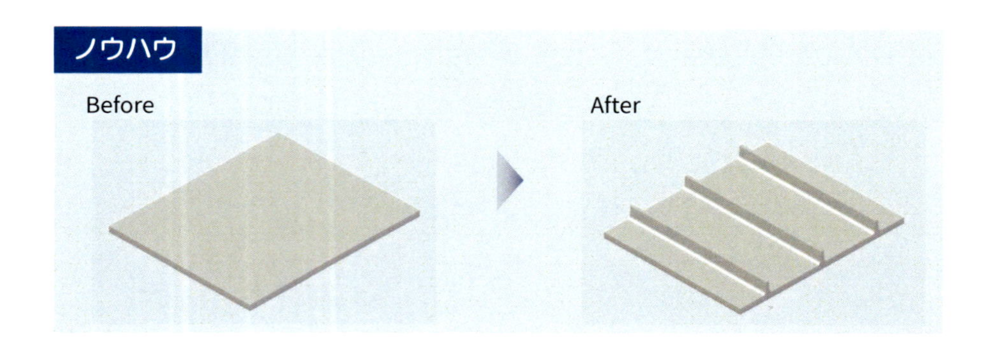

効果

板厚の増加を避けながら，平板の剛性を向上させることができる．リブ※1を設置することにより，断面二次モーメント※2が増加し，曲げ剛性が向上する．ただし，設置したリブが平板にかかる応力を受けもつことになるため，ミーゼス応力※3の最大値は増加し，強度は低下する可能性がある．

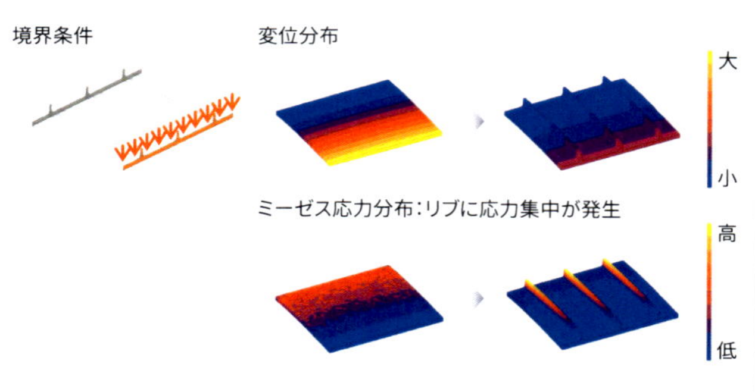

事例

カバーの開閉時など，部品が曲げ・ねじりを受けることを想定し，プリンタの外装にリブが設置されている．

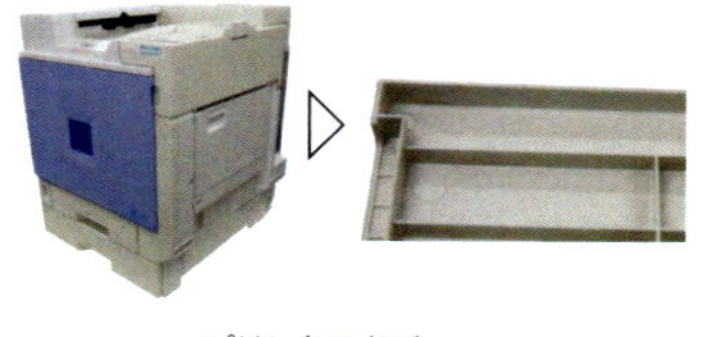

プリンタのカバー

※1 リブ（rib）
製品の剛性を高めるために，部分的に設ける突起部のこと．牛の肋骨部に由来するといわれている．

※2 断面二次モーメント（second moment of area）
曲げモーメントに対する物体の変形のしにくさを表した量のこと．物体の断面形状を変えると，断面二次モーメントの値も変化するので，構造物の耐久性を向上させるうえで，設計上の指標として用いられる．

※3 ミーゼス応力（von Mises stress）
延性材料の降伏強度を判断する指標のこと．3次元の応力状態を合成し，単軸（1次元）状態に置き換えた応力．単位体積あたりのせん断ひずみエネルギーが限界を超えると，材料が降伏するという説に基づいている．

条件

■ リブの方向

リブの方向は，拘束面と荷重が負荷される面に対して垂直にする．また,全方向に剛性を向上させるためには,リブを直交させるとよい．

■ 材料

金属，プラスチック，セラミック，木材など，多くの材料に適用可能である．

特に,プラスチック全般に広く用いられているが,繊維強化プラスチックに関しては，成形時の流動性が大きく異なるため，適用することは一般的でない．

■ 加工

金属においては，溶接※4による接合や，鋳造※5，鍛造※6による成形で設置することができる．また，プラスチックにおいては，射出成形※7で一体的に成形可能である．射出成形の場合には，ウェルドライン※8がリブ付近に重ならないようゲート※9の位置を工夫する必要がある．応力集中を起こしやすいリブの根元付近に，ウェルドラインが重なると破壊の原因となるためである．

■ 寸法

ヒケ※10やボイド※11といった成形不良が生じない範囲で，リブの板厚，本数，根元部の丸めなど，各部の寸法を決定する必要がある．

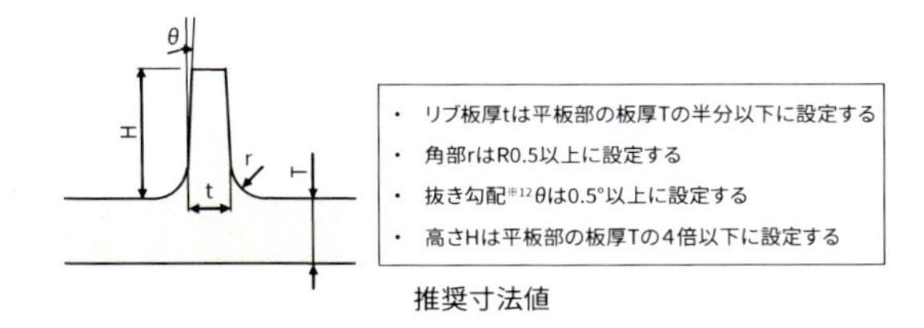

推奨寸法値

※4 溶接（welding）
複数の金属材料あるいは非金属材料を，加熱あるいは加圧により原子間結合させることで接合する行為，あるいは接合されたもののこと．

※5 鋳造［ちゅうぞう］（casting）
金属および合金を溶融状態で鋳型に注入し，凝固，冷却後鋳型より取り出す材料加工法のこと．

※6 鍛造［たんぞう］（forging）
金属材料を加熱し，打撃または加圧して接合する方法のこと．

※7 射出成形（injection molding）
材料を加熱溶融し，低温に維持された金型に流入させ，冷却固化させて製品を得る成形方法のこと．

※8 ウェルドライン（weld line）
射出成形において，金型内で溶融樹脂の流れが合流した部分に発生する細い線のこと．ウェルドライン付近は，外観が悪いだけでなく，機械的強度も低い．

※9 ゲート（gate）
射出成形において，溶融した樹脂が射出成形機から，金型に入る入り口のこと．材料の流れや充填率に大きく影響を及ぼす．

※10 ヒケ（sink）
材料が起こす成形収縮に伴い生じるへこみや窪みにより，製品の表面性が失われる現象のこと．製品の外観不良につながる．

※11 ボイド（void）
成形品の内部に空気の溜まりができる現象のこと．材料強度の低下を招く．

※12 抜き勾配（draft angle）
成形品を金型から容易に取り出すことができるように，金型に設ける勾配のこと．

39 ボスへのリブの設置

ノウハウ

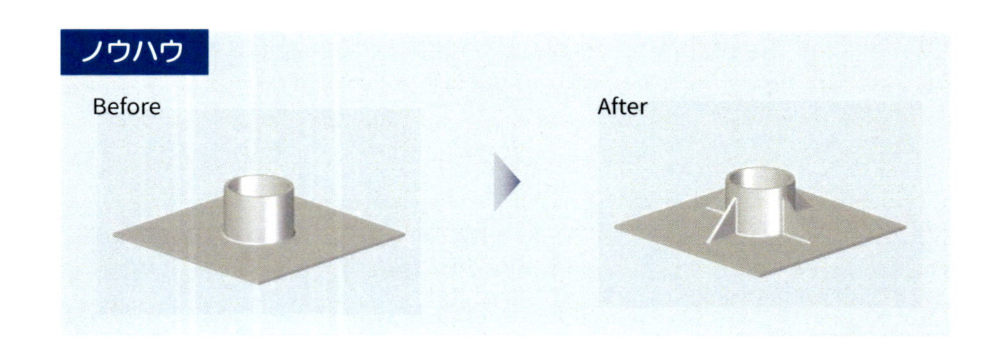

効果

板厚の増加を避けながら，ボス※1（軸穴，ねじ穴）の剛性を向上させることができる. 一方で，リブ※2が応力を集中して負担するため，ミーゼス応力※3の最大値は増加し，強度は低下する可能性がある.

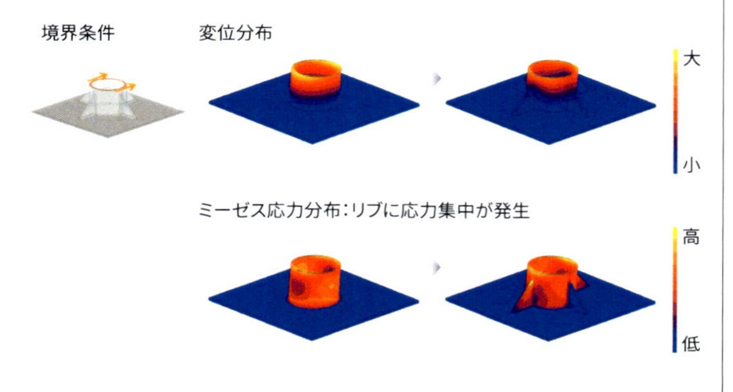

※1 ボス (boss)
軸穴周り，ねじ穴周りなどに設ける円環状の補強部材のこと．歯車などにみられる．

※2 リブ (rib)
製品の剛性を高めるために，部分的に設ける突起部のこと．牛の肋骨部に由来するといわれている．

※3 ミーゼス応力 (von Mises stress)
延性材料の降伏強度を判断する指標のこと．3次元の応力状態を合成し，単軸（1次元）状態に置き換えた応力．単位体積あたりのせん断ひずみエネルギーが限界を超えると，材料が降伏するという説に基づいている．

事例

カバーの開閉時など，部品が曲げ・ねじりを受けることを想定し，ボス周りにリブが設置されている．

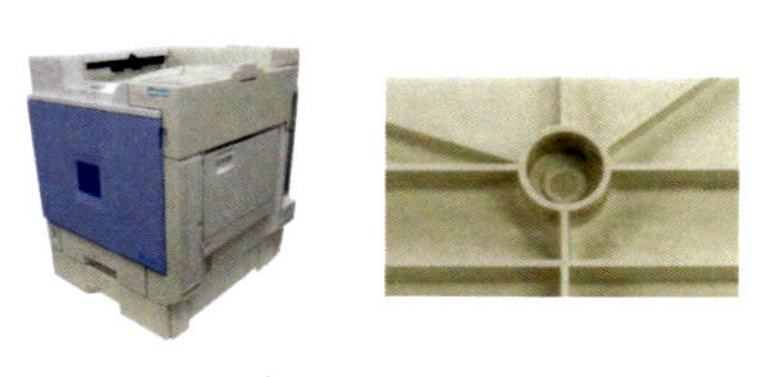

プリンタのカバー

条件

■ 荷重の方向

良い条件

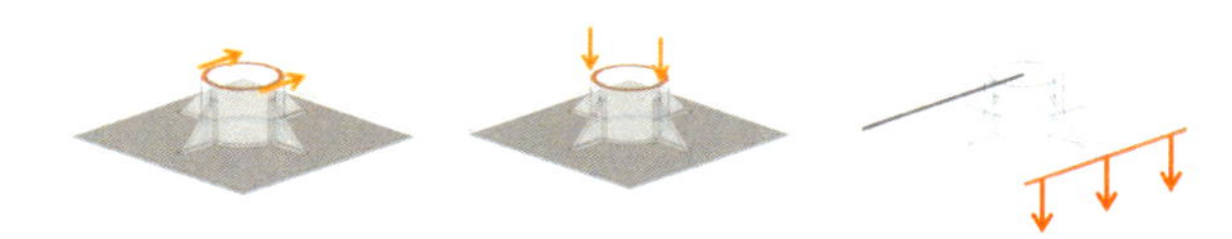

上図で示す荷重に対して，効果が認められる．ただし，リブの端部は応力集中を起こしやすいので注意が必要である．

■ 材料

金属，プラスチック，セラミック，木材など，多くの材料に適用可能である．

■ 加工

金属においては，溶接※4による接合や，鋳造※5，鍛造※6による成形で設置することができる．また，プラスチックにおいては，射出成形※7で一体的に成形可能である．射出成形の場合には，ウェルドライン※8がリブ付近に重ならないようゲート※9の位置を工夫する必要がある．応力集中を起こしやすいリブの根元付近に，ウェルドラインが重なると破壊の原因となるためである．

補足

リブの端末の応力集中を防ぐために，「34 リブの端末形状の工夫」も合わせて用いることを奨める．

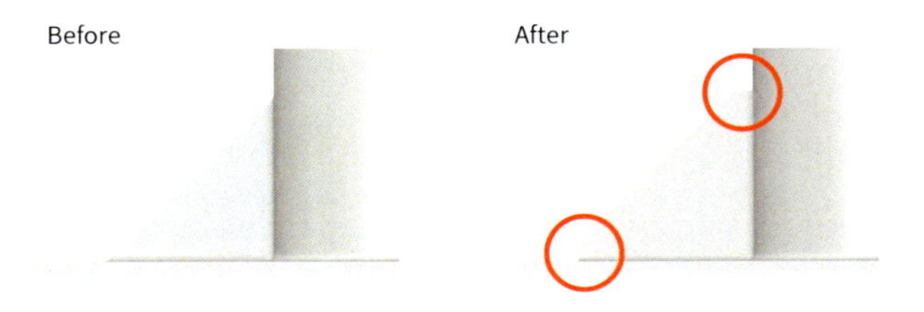

34 リブの端末形状の工夫

※4 溶接（welding）
複数の金属材料あるいは非金属材料を，加熱あるいは加圧により原子間結合させることで接合する行為，あるいは接合されたもののこと．

※5 鋳造［ちゅうぞう］（casting）
金属および合金を溶融状態で鋳型に注入し，凝固，冷却後鋳型より取り出す材料加工法のこと．

※6 鍛造［たんぞう］（forging）
金属材料を加熱し，打撃または加圧して接合する方法のこと．

※7 射出成形（injection molding）
材料を加熱溶融し，低温に維持された金型に流入させ，冷却固化させて製品を得る成形方法のこと．

※8 ウェルドライン（weld line）
射出成形において，金型内で溶融樹脂の流れが合流した部分に発生する細い線のこと．ウェルドライン付近は，外観が悪いだけでなく，機械的強度も低い．

※9 ゲート（gate）
射出成形において，溶融した樹脂が射出成形機から，金型に入る入り口のこと．材料の流れや充填率に大きく影響を及ぼす．

40 肉抜き穴周りへのフランジの設置

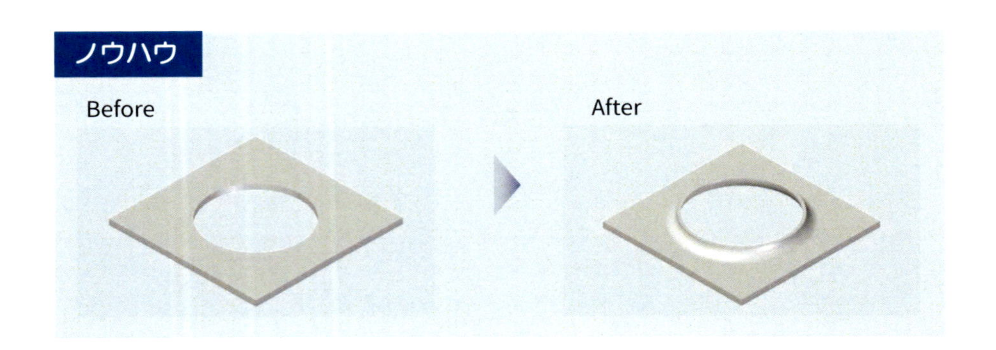

効果

板厚の増加を避けながら，剛性を向上させることができる．肉抜き穴にフランジ※1を設けることで，断面二次モーメント※2が増加し，穴周りの剛性が向上する．ただし，フランジに応力が集中し，強度は低下する．

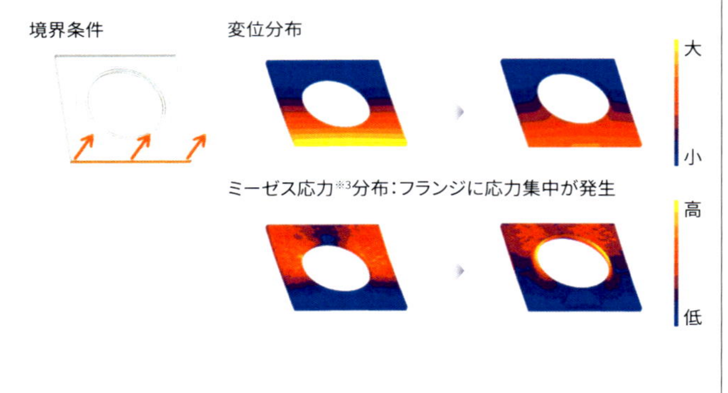

事例

必要な強度を保ちつつ剛性を高めるため，プリンタの外装部分の肉抜き穴周りにフランジが設けられている．

プリンタの外装部分

※1 フランジ（frange）
円板状，平板状に突き出した部材に対する呼称．

※2 断面二次モーメント（second moment of area）
曲げモーメントに対する物体の変形のしにくさを表した量のこと．物体の断面形状を変えると，断面二次モーメントの値も変化するので，構造物の耐久性を向上させるうえで，設計上の指標として用いられる．

※3 ミーゼス応力（von Mises stress）
延性材料の降伏強度を判断する指標のこと．3次元の応力状態を合成し，単軸（1次元）状態に置き換えた応力．単位体積あたりのせん断ひずみエネルギーが限界を超えると，材料が降伏するという説に基づいている．

条件

■ 荷重の方向

良い条件

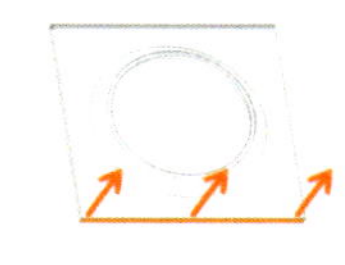
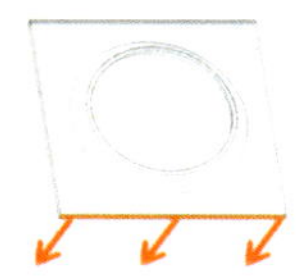
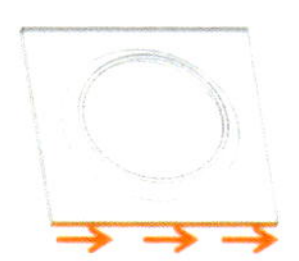

上図で示す荷重に対して，効果が認められる．ただし，いずれの場合もミーゼス応力の最大値は増加するため，注意が必要である．

■ 材料

金属に適用可能である．フランジの高さの限界は材料の伸びで決まる．そのため，フランジを高く設定する場合には伸びの大きな材料を用いる必要がある（軟鋼，黄銅，アルミ合金など）．

■加工

穴周りのフランジ加工はバーリング[※4]で行われる．また，バーリング加工限界は，材料ごとにパンチ[※5]の直径dと下穴の直径Dの比により定められている．

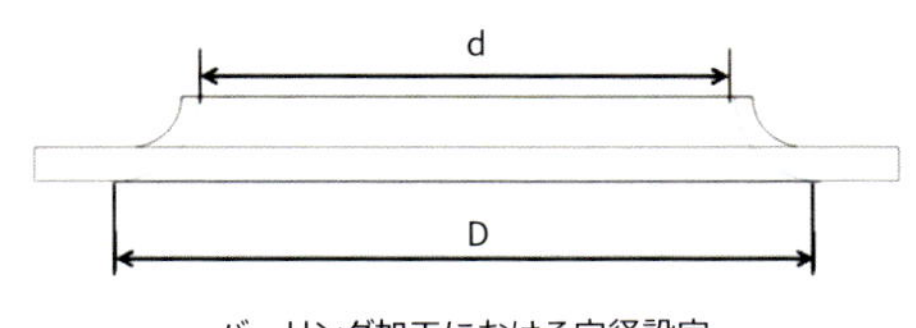

バーリング加工における穴径設定

■ フランジの角度および高さ寸法

穴径に対して，フランジの高さや角度を過剰に設定すると，フランジ周りの伸びが大きくなり，き裂[※6]が発生するため注意する必要がある．

※4 バーリング（burring）
板および管材に穴をあけ，パンチを押し込んで穴径を広げながら，円筒状フランジを立てる加工法のこと．側壁部にねじ立てしたり，軸をはめ込んだりする部品の加工に利用される．伸びフランジ成形の代表例．

※5 パンチ（punch）
雄型，ポンチ，ダイのなかの素材を加圧して成形する棒状の成形用工具のこと．

※6 き裂（crack）
材料中に生じた細い割れ目のこと．き裂面で材料は分離されているため，き裂先端，あるいはき裂前縁では応力やひずみが無限大となる特異点が存在する．

41 平板上の軸穴へのフランジ付きパッチの追加

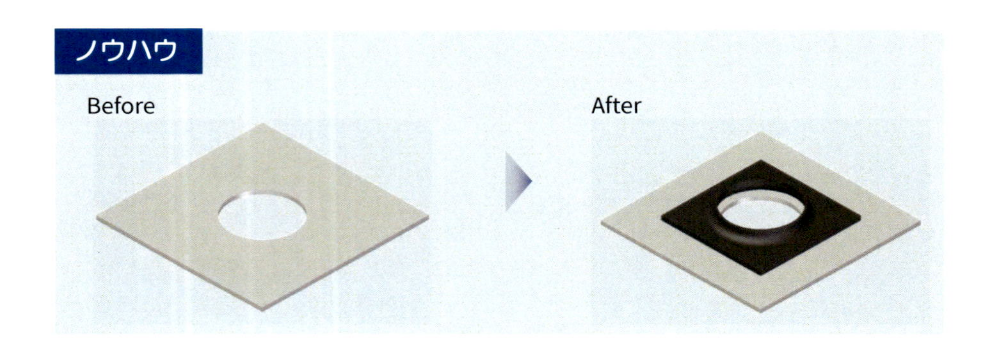

効果

安定性が必要な軸穴付近の強度および剛性を向上させることができる．フランジ※1を設けたパッチ※2をあてることにより，軸穴付近の断面二次モーメント※3が増加し，穴周りの強度および剛性が向上する．

境界条件

変位分布

大

小

ミーゼス応力※4分布

高

低

※1 フランジ（frange）
円板状，平板状に突き出した部材に対する呼称のこと．梁のフランジは断面二次モーメントが増加し，曲げ剛性が向上する．

※2 パッチ（patch）
断片，継ぎ布のこと．強度および剛性が十分でない部分に対する補強部材．

※3 断面二次モーメント
（second moment of area）
曲げモーメントに対する物体の変形のしにくさを表した量のこと．物体の断面形状を変えると，断面二次モーメントの値も変化するので，構造物の耐久性を向上させるうえで，設計上の指標として用いられる．

※4 ミーゼス応力
（von Mises stress）
延性材料の降伏強度を判断する指標のこと．3次元の応力状態を合成し，単軸（1次元）状態に置き換えた応力．単位体積あたりのせん断ひずみエネルギーが限界を超えると，材料が降伏するという説に基づいている．

条件

■ 荷重の方向

良い条件

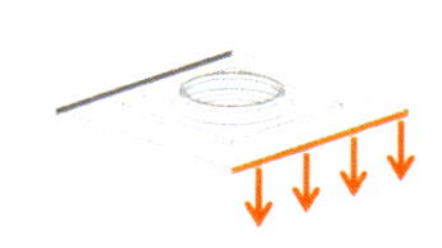

曲げに対して，剛性が向上する．ただし，強度は低下する．フランジ部の応力が増加するため，注意が必要である．

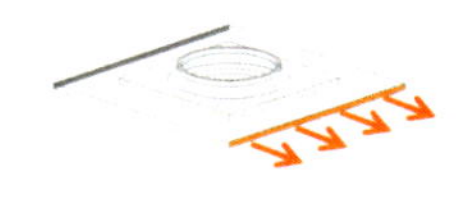

引張りに対して，強度が向上する．ただし，剛性は低下する．穴周りの剛性向上に伴う，板端面の変位増加に注意が必要である．

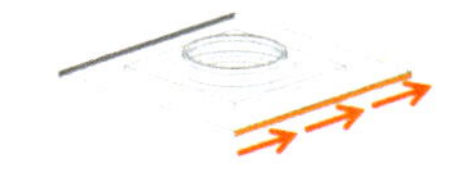

せん断に対して，強度が向上する．ただし，剛性は低下する．

■ 材料

基本的には金属に適用可能である．

■ 加工

プレス加工※5やバーリング※6によりフランジ付きパッチを成形し，ボルト締結や溶接※7などにより軸穴付近に設置する．

補足

軸穴へのフランジ付きパッチの追加には，軸穴部での平板の強度および剛性を向上する目的がある．それに加えて，軸の安定性を確保する意味もある．例えば，回転いすの回転軸がガタつかないように，座面上の軸穴へフランジ付きパッチが接合されている．

※5 **プレス加工（press work）**
プレス機械を用いて材料を塑性変形させて加工する方法のこと．板状素材を加工する板金プレス加工，塊状素材を加工する鍛造プレス加工，粉末を圧縮して成形する粉末プレス加工などがある．

※6 **バーリング（burring）**
板および管材に穴をあけ，パンチを押し込んで穴径を広げながら，円筒状フランジを立てる加工法のこと．側壁部にねじ立てしたり，軸をはめ込んだりする部品の加工に利用される．伸びフランジ成形の代表例．

※7 **溶接（welding）**
複数の金属材料あるいは非金属材料を，加熱あるいは加圧により原子間結合させることで接合する行為，あるいは接合されたもののこと．

42 平板へのフランジの設置

ノウハウ

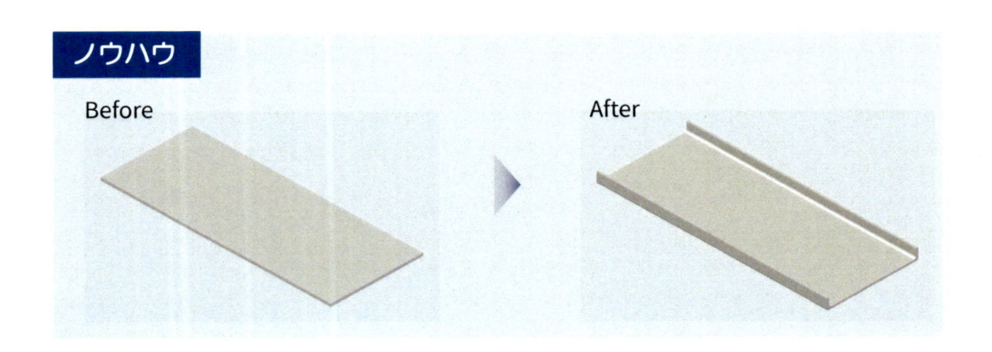

効果

板厚の増加を避けながら，平板の剛性を向上させることができる．

フランジ※1を設けることで断面二次モーメント※2が増加し，剛性が向上する．一方で，ビードに応力集中が発生するため，ミーゼス応力※3の最大値は増加し，強度は低下する．

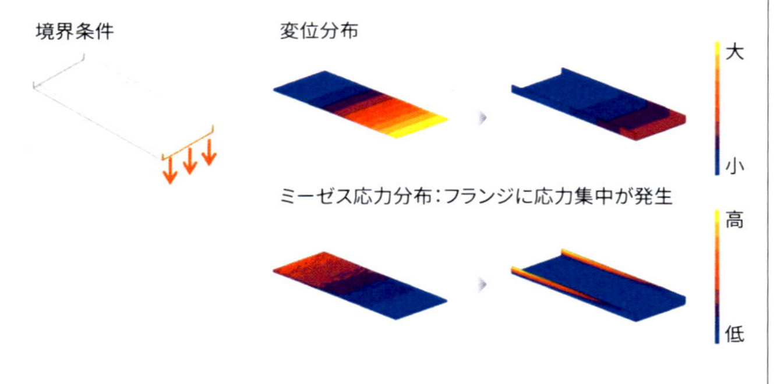

事例

プリンタのユニットを引き出すための取っ手（把手）に，フランジが設置されている．

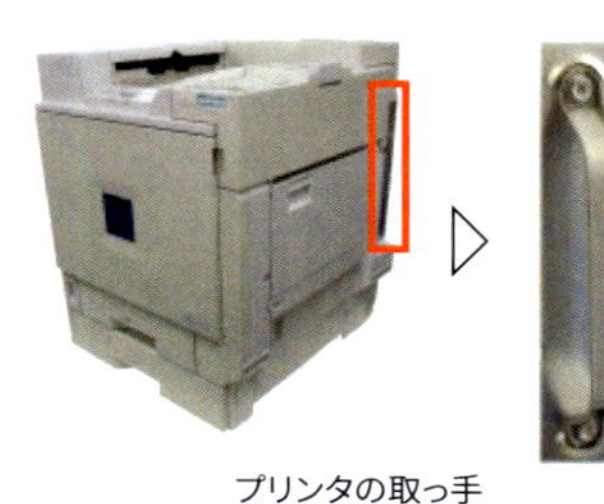

プリンタの取っ手

※1 フランジ（frange）
円板状，平板状に突き出した部材に対する呼称のこと．

※2 断面二次モーメント
（second moment of area）
曲げモーメントに対する物体の変形のしにくさを表した量のこと．物体の断面形状を変えると，断面二次モーメントの値も変化するので，構造物の耐久性を向上させるうえで，設計上の指標として用いられる．

※3 ミーゼス応力
（von Mises stress）
延性材料の降伏強度を判断する指標のこと．3次元の応力状態を合成し，単軸（1次元）状態に置き換えた応力．単位体積あたりのせん断ひずみエネルギーが限界を超えると，材料が降伏するという説に基づいている．

条件

■ 荷重の方向

良い条件

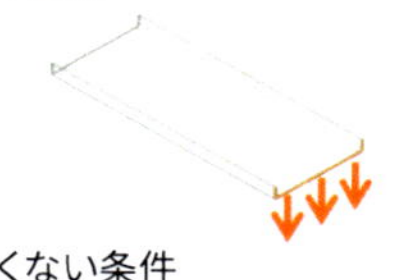

曲げに対して，剛性が向上する．ただし，強度は低下するので注意が必要である．

良くない条件

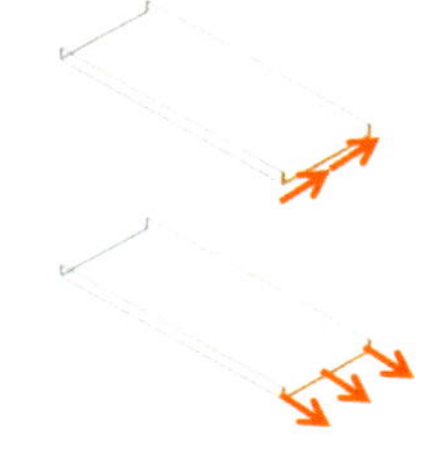

せん断に対して，強度および剛性ともに低下するので注意が必要である．

引張りに対して，強度および剛性ともに低下するので注意が必要である．

■ 材料

金属，プラスチック，セラミック，木材など，多くの材料に適用可能である．

■ 加工

金属においてはプレス加工※4，プラスチックでは射出成形※5による一体的な成形が一般的である．

※4 プレス加工（press work）
プレス機械を用いて材料を塑性変形させて加工する方法のこと．板状素材を加工する板金プレス加工，塊状素材を加工する鍛造プレス加工，粉末を圧縮して成形する粉末プレス加工などがある．

※5 射出成形
(injection molding)
材料を加熱溶融し，低温に維持された金型に流入させ，冷却固化させて製品を得る成形方法のこと．

補足

このノウハウは，「31 ブラケットへのビードの設置」と組み合わせることで，より効果が期待できる．板材の端にフランジを立て，中央部にビードを設置することが可能である．

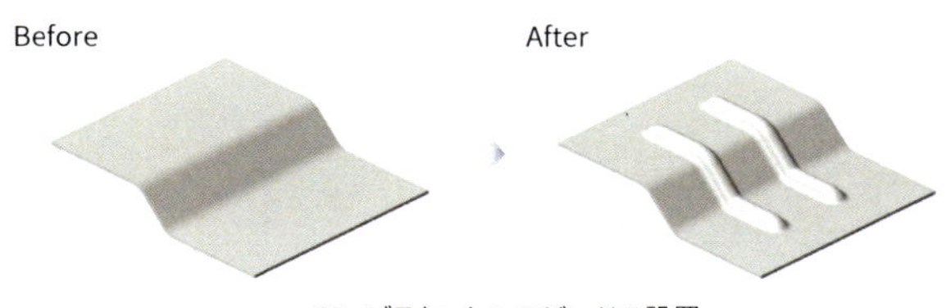

31 ブラケットへのビードの設置

43 フランジ間を結ぶリブの設置

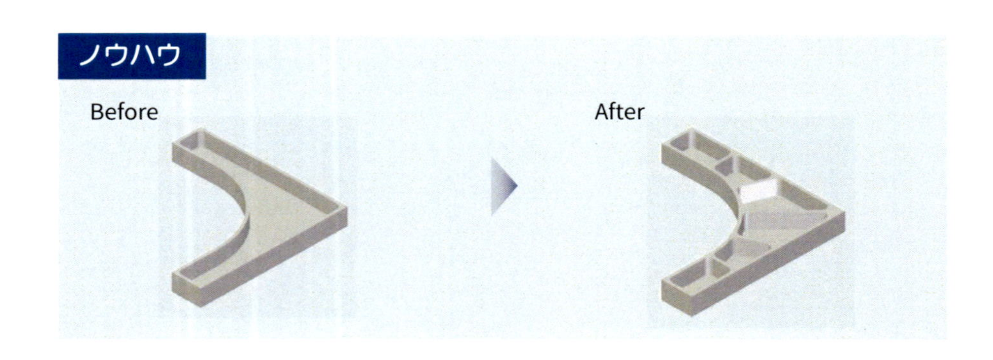

効果

板厚の増加を避けながら，強度および剛性を向上させることができる．フランジ[※1]間をリブ[※2]で結ぶことで，フランジの変位を抑えるだけでなく，構造全体の強度および剛性が向上する．

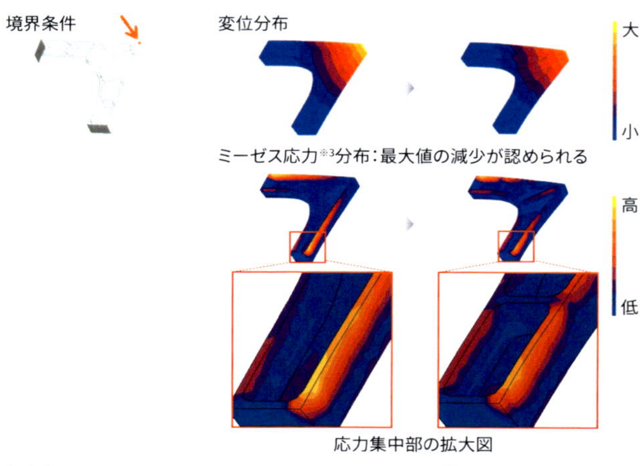

応力集中部の拡大図

事例

カバーの開閉時など，部品が曲げ・ねじりを受けることを想定し，フランジ間がリブで結ばれている．

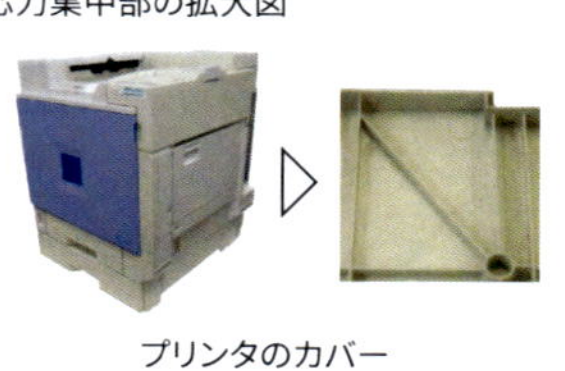

プリンタのカバー

※1 フランジ（frange）
円板状，平板状に突き出した部材に対する呼称のこと．

※2 リブ（rib）
製品の剛性を高めるために，部分的に設ける突起部のこと．牛の肋骨部に由来するといわれている．

※3 ミーゼス応力
(von Mises stress)
延性材料の降伏強度を判断する指標のこと．3次元の応力状態を合成し，単軸（1次元）状態に置き換えた応力．単位体積あたりのせん断ひずみエネルギーが限界を超えると，材料が降伏するという説に基づいている．

条件

■ 荷重の方向

良い条件

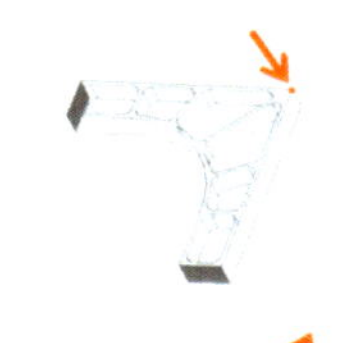

角部へかかりやすい大きな荷重に対して，強度および剛性ともに向上する．

角部への引張り荷重に対して，強度および剛性ともに向上する．

構造全体が受ける曲げ荷重に対して，強度および剛性ともに向上する．

■ 材料

金属，プラスチック，セラミック，木材など，多くの材料に適用可能である．

■ 加工

金属においては，溶接※4による接合や，鋳造※5，鍛造※6により一体的に成形することが考えられる．フランジとリブとの接合部付近では，断面が大きく変化するため，応力集中が発生する．そのため，Rはできるだけ大きくとるとともに，接合部とは重ならないよう注意する．また，断面の急変部への溶接が避けられず，強度不足が懸念される場合には，鋳造や鍛造などにより一体的に成型することが望ましい．プラスチックにおいては，射出成形※7で一体的に成形可能である．リブの寸法を大きくとり過ぎると，ヒケ※8やボイド※9といった成形不良が発生することに注意する．また，ウェルドライン※10がリブの根元付近に重ならないようゲートの位置を工夫する必要がある．応力集中を起こしやすいリブの根元付近に，ウェルドラインが重なると破壊の原因となるためである．

※4 溶接（welding）
複数の金属材料あるいは非金属材料を，加熱あるいは加圧により原子間結合させることで接合する行為，あるいは接合されたもののこと．

※5 鋳造［ちゅうぞう］（casting）
金属および合金を溶融状態で鋳型に注入し，凝固，冷却後鋳型より取り出す材料加工法のこと．

※6 鍛造［たんぞう］（forging）
金属材料を加熱し，打撃または加圧して接合する方法のこと．

※7 射出成形（injection molding）
材料を加熱溶融し，低温に維持された金型に流入させ，冷却固化させて製品を得る成形方法のこと．

※8 ヒケ（sink）
材料が起こす成形収縮に伴い生じるへこみや窪みにより，製品の表面性が失われる現象のこと．製品の外観不良につながる．

※9 ボイド（void）
成形品の内部に空気の溜まりができる現象のこと．材料強度の低下を招く．

※10 ウェルドライン（weld line）
射出成形において，金型内で溶融樹脂の流れが合流した部分に発生する細い線のこと．ウェルドライン付近は，外観が悪いだけでなく，機械的強度も低い．

44 接合部の配置の工夫

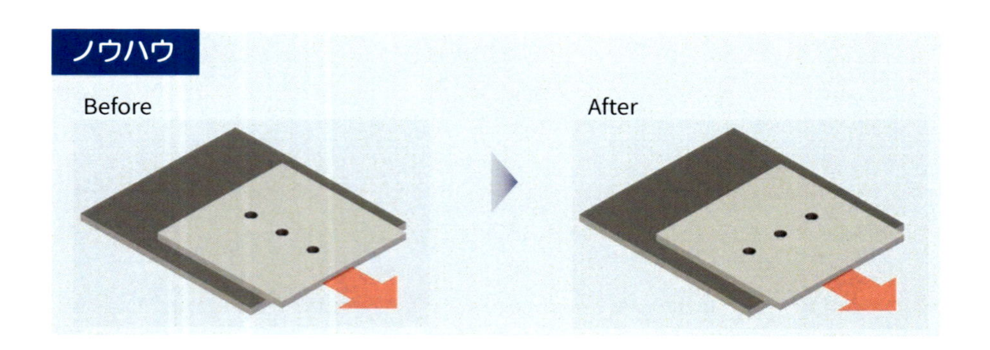

効果

強度および剛性を向上させることができる．複数のボルト・ねじで部材を締結する場合，荷重入力方向に沿って並べず，直角方向に配置することで，応力を複数のボルト・ねじに分散することができ，強度および剛性が向上する．

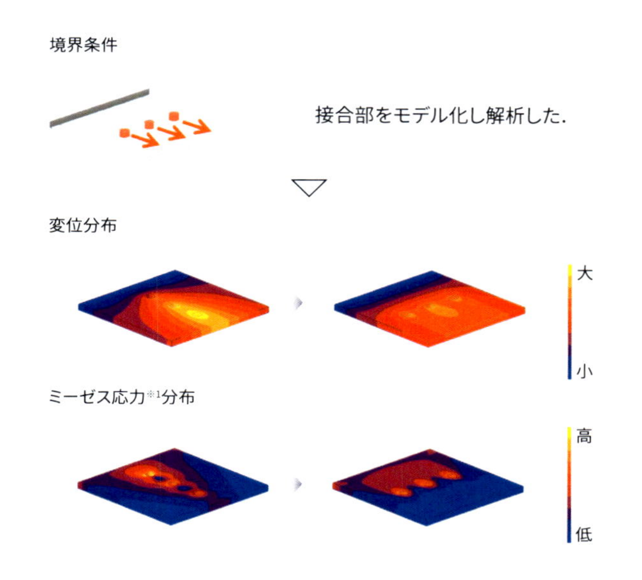

※1 ミーゼス応力（von Mises stress）
延性材料の降伏強度を判断する指標のこと．3次元の応力状態を合成し，単軸（1次元）状態に置き換えた応力．単位体積あたりのせん断ひずみエネルギーが限界を超えると，材料が降伏するという説に基づいている．

条件

■ 荷重の方向

良い条件　　　　良くない条件

特定の方向の荷重に対して効果が認められる．なお，上記のせん断方向の荷重の例では，ノウハウ適用前（Before）と比較して強度は向上するものの，剛性は低下する可能性があるため，注意する必要がある．

■ 材料

基本的には金属が用いられるが，プラスチック，セラミック，木材などにも適用可能である．

■ 加工

金属においては，穴あけ加工※2により成形することができる．
プラスチックにおいては，射出成形※3により成形が可能であるが，ヒケ※4やボイド※5といった成形不良が生じない範囲で，穴部の寸法を設定する必要がある．また，ウェルドライン※6が穴部付近に重ならないようゲート※7の位置を工夫する必要がある．応力集中を起こしやすい部分にウェルドラインが重なると，破壊の原因となるためである．

補足

ボルト・ねじ締結による接合ではなく，アーク溶接による接合のときには「49 アーク溶接ビードの位置の工夫」を用いる．

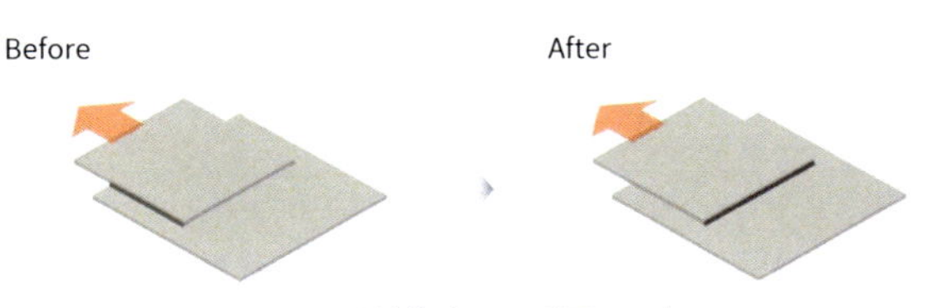

49　アーク溶接ビードの位置の工夫

※2 穴あけ加工（drilling）
モータにドリルなどを取り付け，軸方向移動により材料に穴をあける加工のこと．穴あけ加工をする加工機のことをボール盤といい，基本的には直立ボール盤とラジアルボール盤の2種類に分類できる．

※3 射出成形（injection molding）
材料を加熱溶融し，低温に維持された金型に流入させ，冷却固化させて製品を得る成形方法のこと．

※4 ヒケ（sink）
材料が起こす成形収縮に伴い生じるへこみや窪みにより，製品の表面性が失われる現象のこと．製品の外観不良につながる．

※5 ボイド（void）
成形品の内部に空気の溜まりができる現象のこと．材料強度の低下を招く．

※6 ウェルドライン（weld line）
射出成形において，金型内で溶融樹脂の流れが合流した部分に発生する細い線のこと．ウェルドライン付近は，外観が悪いだけでなく，機械的強度も低い．

※7 ゲート（gate）
射出成形において，溶融した樹脂が射出成形機から，金型に入る入り口のこと．材料の流れや充填率に大きく影響を及ぼす．

45 接合部の千鳥配置

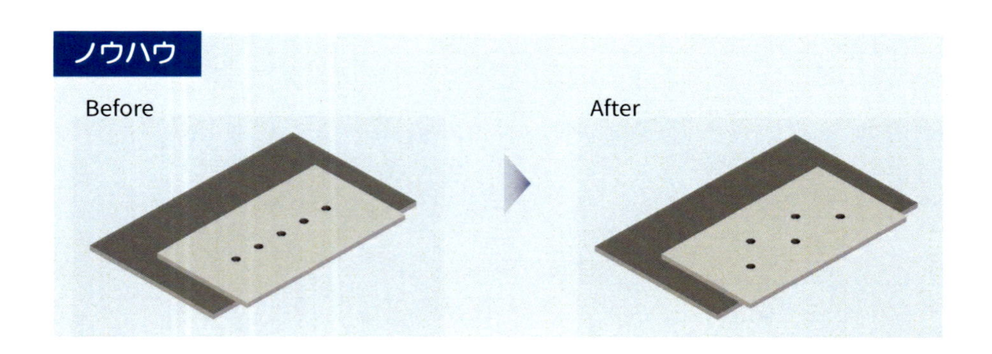

効果

板厚の増加を避けながら，接合部の強度および剛性を向上させることができる．接合部を直線に並べた場合と比べて，千鳥配置は異なる方向の荷重に対して効果が安定し，強度および剛性が向上する．

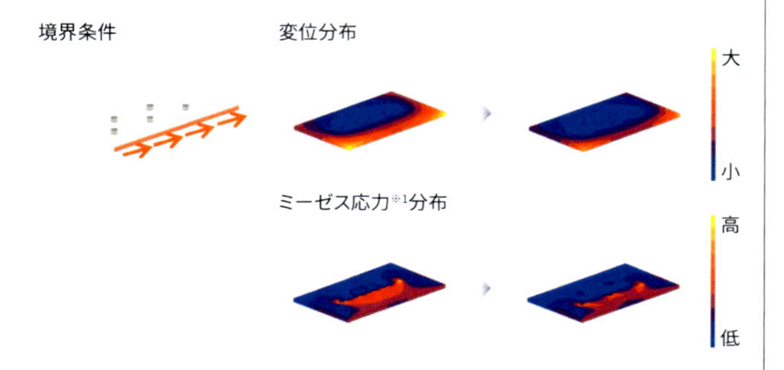

※1 ミーゼス応力（von Mises stress）
延性材料の降伏強度を判断する指標のこと．3次元の応力状態を合成し，単軸（1次元）状態に置き換えた応力．単位体積あたりのせん断ひずみエネルギーが限界を超えると，材料が降伏するという説に基づいている．

事例

ドアの蝶つがいなどによく用いられている．ドアの重量を平面応力で受けるため，千鳥配置が効果的であると考えられる．

ドアの蝶つがい

条件

■ 荷重の方向

良い条件　　　　　　　　　　　　良くない条件

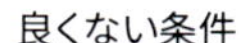

上図で示す荷重に対して効果が認められる．なお，上記右図の例では，ノウハウ適用前（Before）と比較して強度および剛性ともに低下することもあるため，注意が必要である．

■ 材料

基本的には金属が用いられるが，プラスチック，セラミック，木材などにも適用可能である．

■ 加工

金属においては，穴あけ加工※2により成形することができる．

プラスチックにおいては，射出成形※3により成形が可能であるが，ヒケ※4やボイド※5といった成形不良が生じない範囲で，穴部の寸法を設定する必要がある．また，ウェルドライン※6が穴部付近に重ならないようゲート※7の位置を工夫する必要がある．応力集中を起こしやすい部分にウェルドラインが重なると，破壊の原因となるためである．

補足

このノウハウは「44 接合部の配置の工夫」の応用である．入力荷重の方向に対して，効果的な接合部の配置を行うために，「44 接合部の配置の工夫」も合わせて参照することを奨める．

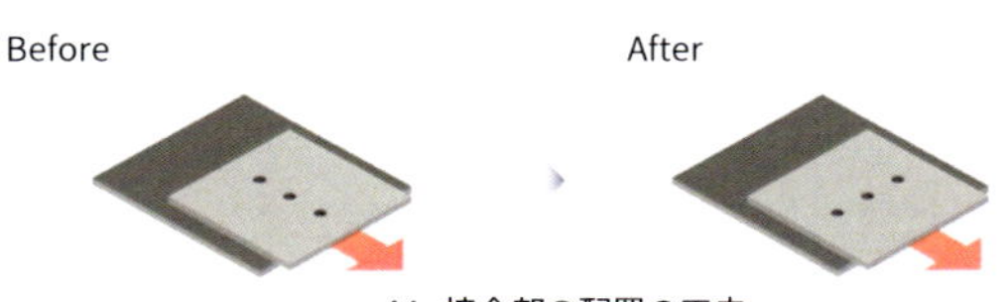

44　接合部の配置の工夫

※2 穴あけ加工（drilling）
モータにドリルなどを取り付け，軸方向移動により材料に穴をあける加工のこと．穴あけ加工をする加工機のことをボール盤といい，基本的には直立ボール盤とラジアルボール盤の2種類に分類できる．

※3 射出成形（injection molding）
材料を加熱溶融し，低温に維持された金型に流入させ，冷却固化させて製品を得る成形方法のこと．

※4 ヒケ（sink）
材料が起こす成形収縮に伴い生じるへこみや窪みにより，製品の表面性が失われる現象のこと．製品の外観不良につながる．

※5 ボイド（void）
成形品の内部に空気の溜まりができる現象のこと．材料強度の低下を招く．

※6 ウェルドライン（weld line）
射出成形において，金型内で溶融樹脂の流れが合流した部分に発生する細い線のこと．ウェルドライン付近は，外観が悪いだけでなく，機械的強度も低い．

※7 ゲート（gate）
射出成形において，溶融した樹脂が射出成形機から，金型に入る入り口のこと．材料の流れや充填率に大きく影響を及ぼす．

46 ボルト締結へのピンの追加

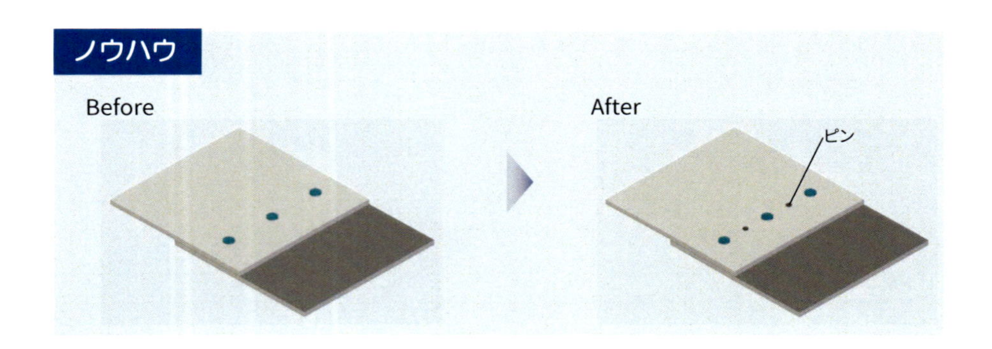

効果

板厚の増加を避けながら，締結部分の強度および剛性を向上させることができる．ピン※1を打ちこむことにより部材の接合箇所を増やし，力を受ける部位が増加する．新たにボルト締結部を増やす手間をかけずに，強度および剛性ともに向上できる．

境界条件

実際には，板材にはボルト軸力による摩擦力が働くことを考慮する必要がある．本ノウハウでは簡易的にボルトへのせん断力に注目してモデル化し解析した．

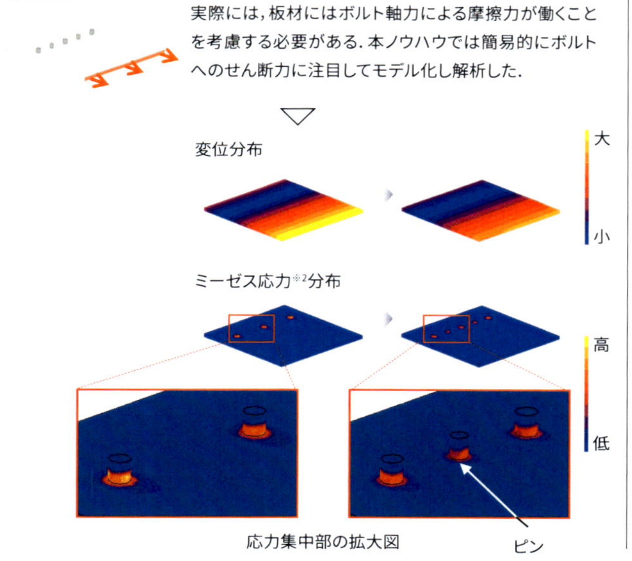

応力集中部の拡大図

※1 ピン（pin）
穴に差し込むことで，継手，位置決め，ねじの回り止めなどの目的に用いる棒状または筒状の部品のこと．

※2 ミーゼス応力
（von Mises stress）
延性材料の降伏強度を判断する指標のこと．3次元の応力状態を合成し，単軸（1次元）状態に置き換えた応力．単位体積あたりのせん断ひずみエネルギーが限界を超えると，材料が降伏するという説に基づいている．

条件

■ 荷重の方向

良い条件

引張りに対して，強度および剛性ともに向上する．

せん断に対して，強度および剛性ともに向上する．

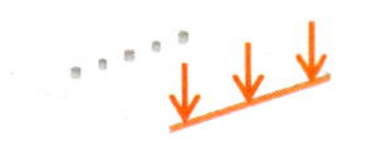

曲げに対して，強度および剛性ともに向上する．

■ 材料

基本的には金属が用いられるが，プラスチック，セラミック，木材などにも適用可能である．ピンに使用する材料はせん断力に耐えられるものである必要がある．

■ 加工

金属においては，ピンの穴部はボルト締結の穴と同じく，穴あけ加工※3により成形可能である．なお，ボルト・ナット締結に比べてピンは位置合わせと穴径の精度の高さが求められるため，加工の際は注意する必要がある．

プラスチックにおいては，射出成形※4により成形が可能であるが，ヒケ※5やボイド※6といった成形不良が生じない範囲で，接合部の寸法を設定する必要がある．また，ウェルドライン※7が接合部付近に重ならないようゲート※8の位置を工夫する必要がある．応力集中を起こしやすい部分に，ウェルドラインが重なると破壊の原因となるためである．

※3 穴あけ加工（drilling）
モータにドリルなどを取り付け，軸方向移動によって材料に穴をあける加工である．穴あけ加工をする加工機のことをボール盤といい，基本的には直立ボール盤とラジアルボール盤の2種類に分類できる．

※4 射出成形
（injection molding）
材料を加熱溶融し，低温に維持された金型に流入させ，冷却固化させて製品を得る成形方法のこと．

※5 ヒケ（sink）
材料が起こす成形収縮に伴い生じるへこみや窪みにより，製品の表面性が失われる現象のこと．製品の外観不良につながる．

※6 ボイド（void）
成形品の内部に空気の溜まりができる現象のこと．材料強度の低下を招く．

※7 ウェルドライン（weld line）
射出成形において，金型内で溶融樹脂の流れが合流した部分に発生する細い線のこと．ウェルドライン付近は，外観が悪いだけでなく，機械的強度も低い．

※8 ゲート（gate）
射出成形において，溶融した樹脂が射出成形機から，金型に入る入り口のこと．材料の流れや充填率に大きく影響を及ぼす．

47 ボルト側とナット側の同一径ワッシャの設置

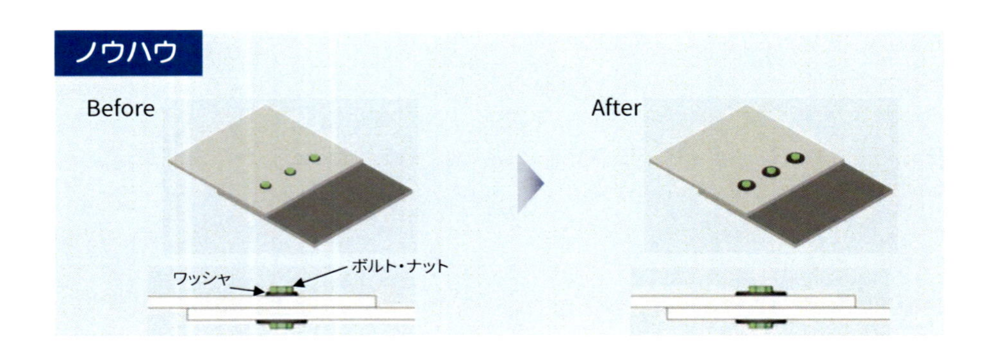

効果

板厚の増加を避けながら，締結部の強度を向上させることができる．

ボルト側とナット側のワッシャ[※1]径を揃えることにより，拘束面と荷重を受ける面とのオフセットに伴う応力の負担の偏りをなくし，強度が向上する．また，締結面の広いワッシャを使用することで，変形を防止できる．

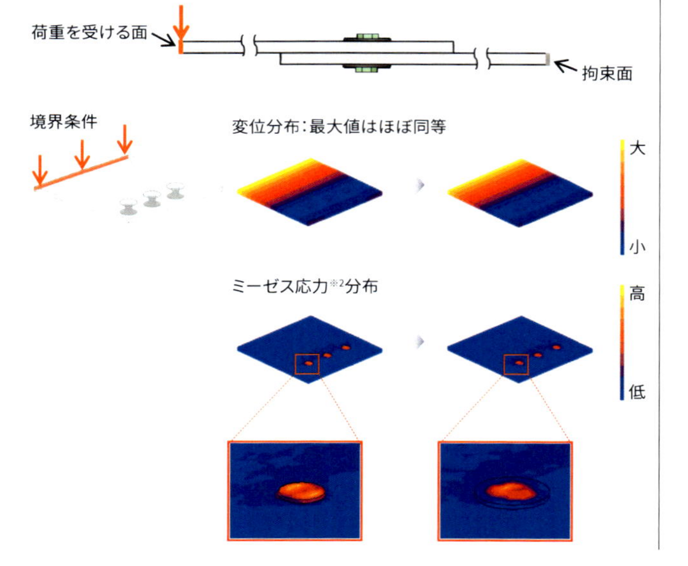

※1 ワッシャ（washer）
座金のこと．締め付ける際に挟み込む穴のあいた板状の機械要素であり，ねじの径に対応して規格化されている．

※2 ミーゼス応力
（von Mises stress）
延性材料の降伏強度を判断する指標のこと．3次元の応力状態を合成し，単軸（1次元）状態に置き換えた応力．単位体積あたりのせん断ひずみエネルギーが限界を超えると，材料が降伏するという説に基づいている．

条件

■ 荷重の方向

良い条件

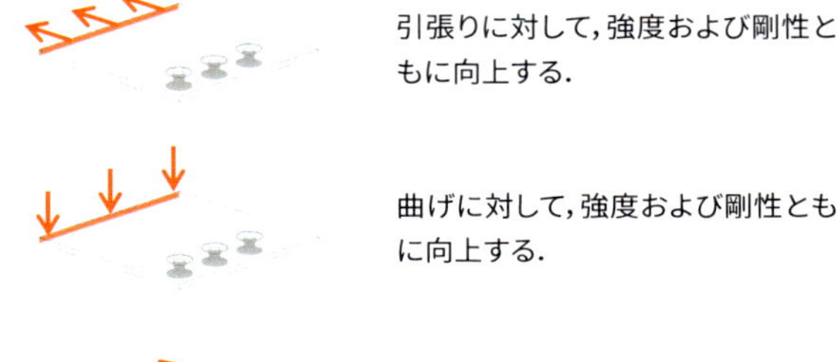

引張りに対して，強度および剛性ともに向上する．

曲げに対して，強度および剛性ともに向上する．

せん断に対して，強度および剛性ともに向上する．

上図で示す荷重に対して，効果が認められる．特に，平板に垂直な方向の荷重に対して大きな効果が得られる．

■ 材料

基本的には金属が用いられるが，プラスチック，セラミック，木材などにも適用可能である．

■ ワッシャの影響

平板とボルト頭部の間にワッシャを挿入することで，平板の締結面積が広くなり応力集中が抑えられ，平板にヒビが入ることを防止できる．また，締結部の面積が広くなるため，締結面の剛性も向上する．さらに，ボルトの頭部とねじの境界は小さなR部を持つため，ワッシャを用いることで，R部の影響を逃がし，締結面を安定させる役割もある．

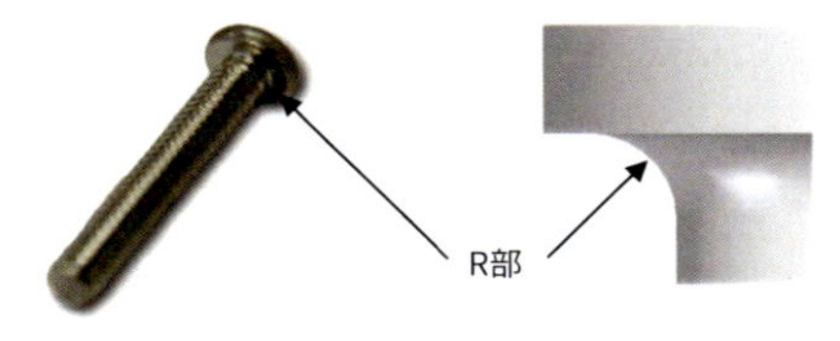

ボルト頭部のR部

48 荷重方向に対するスポット溶接位置の工夫

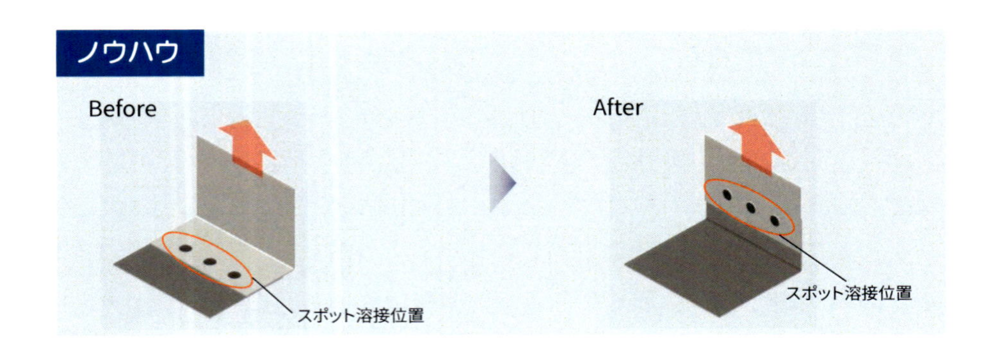

効果

板厚の増加を避けながら，溶接※1部の強度および剛性を向上させることができる．スポット溶接※2の溶接部は，せん断に強いもののはく離に弱い．そのため，使用される条件に応じて溶接部を配置することで，強度および剛性ともに向上できる．

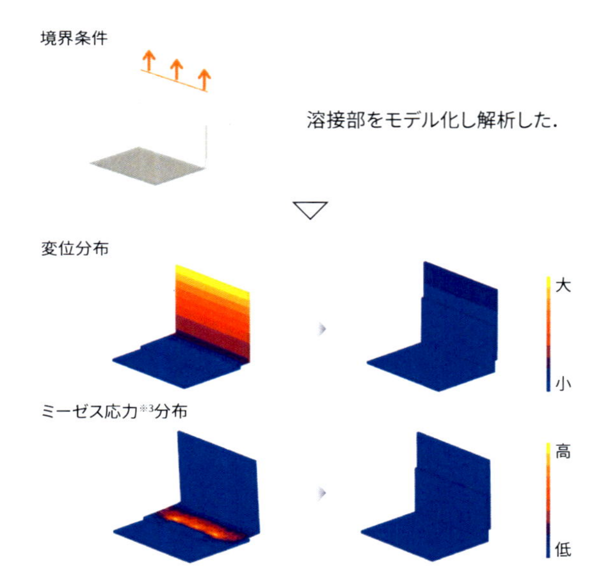

※1 溶接（welding）
複数の金属材料あるいは非金属材料を，加熱あるいは加圧により原子間結合させることで接合する行為，あるいは接合されたもののこと．

※2 スポット溶接
（spot welding）
抵抗発熱を利用して金属の接合を行う手法のこと．2枚の金属板を電極ではさみ，加圧しながら電流を流し，局所的に溶かして溶接する．

※3 ミーゼス応力
（von Mises stress）
延性材料の降伏強度を判断する指標のこと．3次元の応力状態を合成し，単軸（1次元）状態に置き換えた応力．単位体積あたりのせん断ひずみエネルギーが限界を超えると，材料が降伏するという説に基づいている．

条件

■ 荷重の方向

良い条件

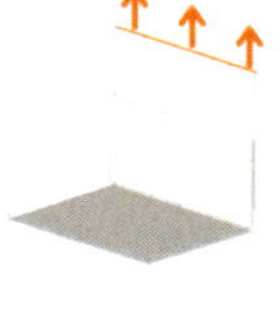

引張りに対して，強度および剛性ともに向上する．

せん断に対して，強度および剛性ともに向上する．

良くない条件

曲げ（はく離）に対して，強度および剛性ともに低下する．

■ 材料

基本的に，溶接で接合する金属材料に適用可能である．

■ 加工

金属材料においては，板材をプレス加工※4で成形し，スポット溶接により接合する．

※4 プレス加工（press work）
プレス機械を用いて材料を塑性変形させて加工する方法のこと．板状素材を加工する板金プレス加工，塊状素材を加工する鍛造プレス加工，粉末を圧縮して成形する粉末プレス加工などがある．

49 アーク溶接ビードの位置の工夫

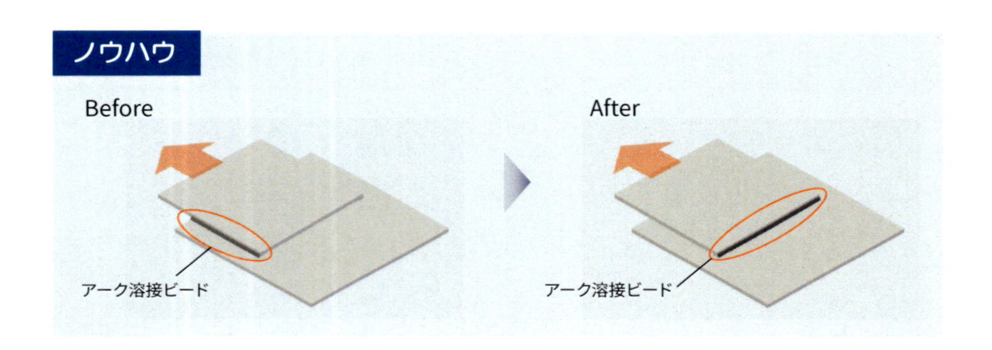

効果

溶接※1部の強度および剛性を向上させることができる. アーク溶接※2の溶接ビード※3方向は，荷重方向に対して直角になるようにする．荷重方向に対して，線で持たせる構造とすることで強度および剛性を向上させることができる．

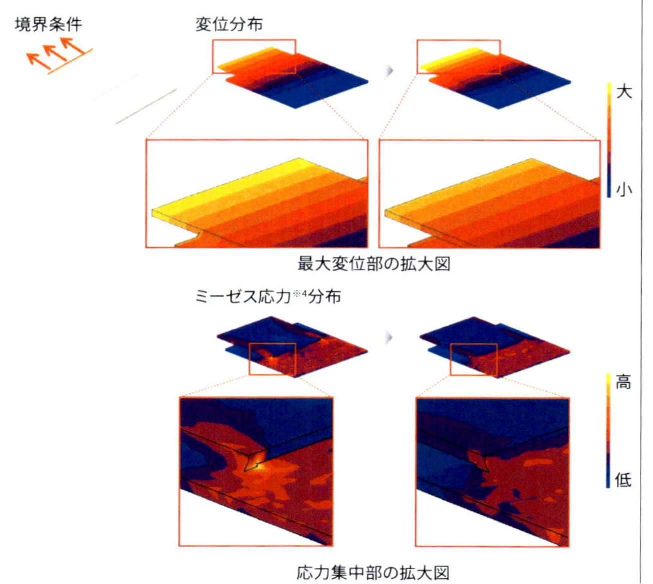

※1 溶接（welding）
複数の金属材料あるいは非金属材料を，加熱あるいは加圧により原子間結合させることで接合する行為，あるいは接合されたもののこと．

※2 アーク溶接（arc welding）
電気の放電現象（アーク放電）を利用し、同じ金属同士をつなぎ合わせる溶接法のこと．

※3 溶接ビード（weld bead）
母材と溶接ワイヤーが溶融してできるビーズ状の固まりのこと．

※4 ミーゼス応力（von Mises stress）
延性材料の降伏強度を判断する指標のこと．3次元の応力状態を合成し，単軸（1次元）状態に置き換えた応力．単位体積あたりのせん断ひずみエネルギーが限界を超えると，材料が降伏するという説に基づいている．

条件

■ 荷重の方向

良い条件

引張りに対して，強度および剛性ともに向上する．

せん断に対して，強度および剛性ともに向上する．

良くない条件

曲げに対して，強度および剛性ともに大幅に低下する場合があるため注意する必要がある．

■ 材料

アーク溶接が可能である金属に適用可能である．

■ 加工

アーク溶接による加工が一般的である．

■ 注意

本ノウハウは，設計の制約上，溶接可能な部分が限られている場合の優先度を示している．溶接強度が必要な場合には，溶接箇所を増やすことが望ましい．

補足

アーク溶接による接合ではなく，ボルト・ねじ締結による接合のときには「44 接合部の配置の工夫」を用いる．

44 接合部の配置の工夫

50 高剛性部位への接合部の配置

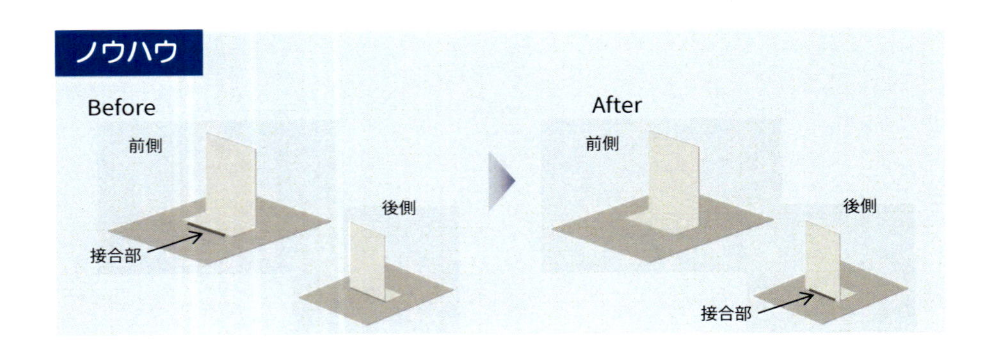

効果

部材の増加を避けながら，接合部の強度および剛性を向上させることができる．面剛性の低い場所に接合部を配置せず，面剛性の高い場所に設置することで，接合部において高い応力が発生することを防ぎ，強度が向上する．また，同様に剛性も向上する．

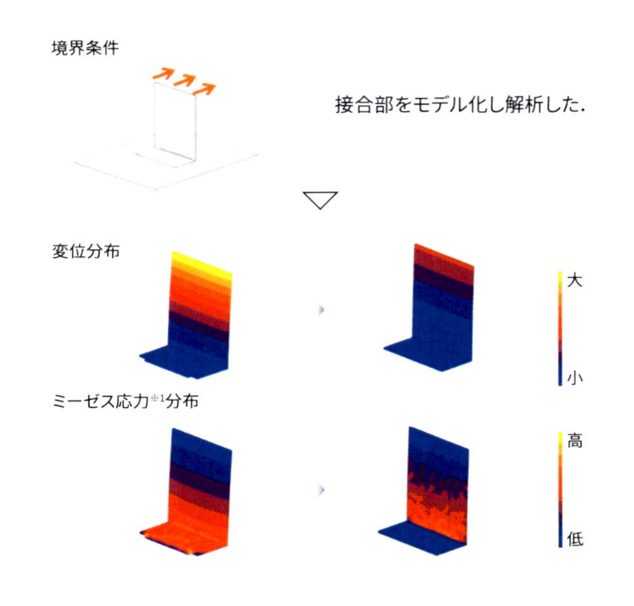

※1 ミーゼス応力（von Mises stress）
延性材料の降伏強度を判断する指標のこと．3次元の応力状態を合成し，単軸（1次元）状態に置き換えた応力．単位体積あたりのせん断ひずみエネルギーが限界を超えると，材料が降伏するという説に基づいている．

条件

■ 荷重の方向

良い条件

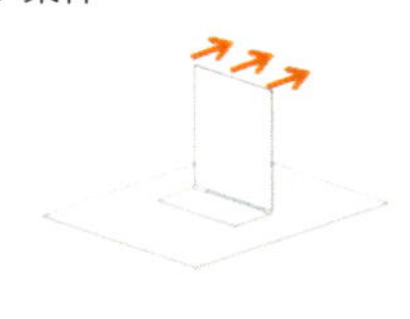

曲げに対して，強度および剛性ともに向上する．

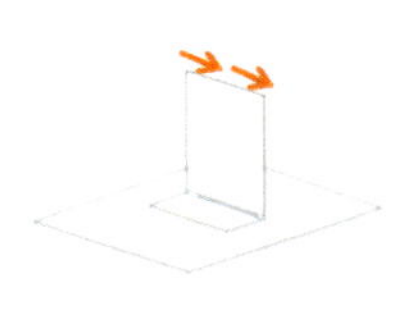

せん断に対して，強度および剛性ともに向上する．

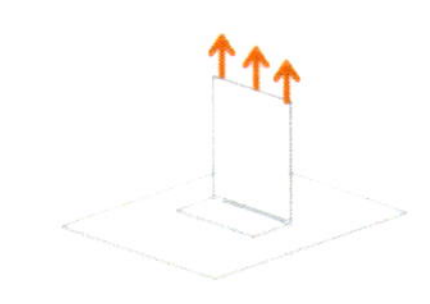

引張りに対して，強度および剛性ともに向上する．

■ 材料

基本的には金属が用いられるが，プラスチック，セラミック，木材などにも適用可能である．

■ 加工

板材の端面を直角に接合すると，著しく安定性が失われる．そのため，直角に曲げた接地面を成形する必要がある．

金属の場合は，プレス加工※2により接地面を成形することができる．

※2 プレス加工（press work）
プレス機械を用いて材料を塑性変形させて加工する方法のこと．板状素材を加工する板金プレス加工，塊状素材を加工する鍛造プレス加工，粉末を圧縮して成形する粉末プレス加工などがある．

■ 注意

本ノウハウは，設計の制約上，溶接可能な部分が限られている場合の優先度を示している．溶接強度が必要な場合には，溶接箇所を増やすことが望ましい．

Column 3

ある新人設計者の話（その3）

恩送り

それから何年かが経ちました．比較的高い年齢で入社した私は，いつしか，私よりも年下だった先輩のひとり，A先輩に仕事をお願いする立場になっていました．

ある日，上昇志向の強い上司から，できればやりたくない仕事が来ました．その仕事は，「やりたくない」というよりは，むしろ設計者の良心として「すべきではない」と思われる仕事でした．社会性よりも企業の目先の利益を優先したものでした．私は，かなり抵抗（反対）しましたが，「命令だ」との一言を上司は告げ，去っていきました．

私は困っていました．関連部署を含め，いろいろと相談しつつ，社会性と企業の利益を両立させる案をいろいろと模索しました．しかし，結局，それは無理でした．やるしかなさそうです．この仕事は，A先輩の担当する製品でした．しかも，A先輩が設計した製品仕様を変更しなければならないのです．私はまだ，A先輩にはこの仕事の話を伝えていませんでした．A先輩は設計哲学をしっかり持たれた方で，この仕事にはきっと反対されるはずです．私だけで何とかこの仕事をこなせないかとも考えました．しかし，詳しい設計情報を持っていない私には困難な仕事で，A先輩でなければ成し遂げることが難しい仕事でもありました．どうしたらいいものか……．私は数日，A先輩にも他の誰にも言えず，抱え込んだまま，困っていました．

そんな折，A先輩が私に突然話しかけてきました．「あの～，なんか仕事がある？　昔，コピーが～.」最初は何の話かさっぱりわかりませんでした．よくよく聞いてみると，どうやら，「何か仕事で困っているんじゃないの？　昔，コピーの箱を準備してくれたよね．だから，僕も，いやな仕事でもやるよ.」とのことでした．コピーの箱？　そんなこともあったかな．すっかり忘れしまっていたことでした．先輩からそのような話が出たことに少々驚くとともに，人の情が心に染み入る瞬間でした．

先輩はすべて分かっていたようです．結局，私はまた先輩にお世話になってしまいました．そんな先輩と私の関係は，その後も変わらないままでした．私にとって立派な先輩のままで，いつまでたっても「恩返し」はできなかったのです．そのため，結局，その恩を私は後輩へ「恩送り」するしかありませんした．「恩送り」とは，親切にしてくれた人へ親切を返そうにも適切な方法がない場合に，第三者へと恩を「送る」ことだそうです．先輩ほど立派にできてはいませんが，私は，後輩にできるだけの「恩送り」を心がけることにしました．

本書は，その「恩送り」のひとつであればと願っています．長年にわたり培われた熟練設計者の知恵と工夫を「見える化」することが，新人や若手の設計者への「恩送り」になればと期待しているのです．ある意味で，「恩送り」はひとつの「正の連鎖」といえるでしょう．私は，このような設計における「正の連鎖」を期待して，本書を企画いたしました．

3 デザイン科学講座

デザイン科学（design science）とは，機械デザイン（機械設計），製品デザイン（製品設計），建築デザイン（建築設計），都市デザイン（都市設計）などのさまざまなデザイン領域の枠を超えて，デザインという人間の創造的行為のすべてを統一的に説明する学問です．なお，このデザインという意味には，設計者や技術者が行う工学設計とデザイナーが行うデザインの両者を含みます．

ここでは，AGE 思考モデルや多空間デザインモデルと呼ばれる基礎的な理論の解説を含めて，デザイン科学の概要を説明します．

3.1 デザイン科学

デザイン科学を説明するためには，さまざまなデザインを同一の視点で捉えるための仕切りのような枠組みが必要となります．右図に示す**デザイン科学の枠組み（framework for design science）**は，**デザイン行為（designing）**とその行為に利用される**デザイン知識（design knowledge）**で構成されます．

前者のデザイン行為は，上位階層から説明すると，デザインの現場で行われるさまざまな**デザイン実務（design practice）**，その実務に使用される各種の**デザイン方法（design method）**，それらのデザイン方法間の関係性を含めて論じる**デザイン方法論（design methodology）**，さらに，あらゆるデザイン行為の一般性を説明可能な**デザイン理論（design theory）**の四つの階層から成ります．最下層のデザイン理論は，デザイン対象や領域に依存しない共通の理論です．そして，下位階層のデザイン理論から上位階層のデザイン実務へ向かうにつれて専門性が増し，デザインの対象や領域が具体性を増していきます．

他方，後者のデザイン知識は，**客観的知識（objective knowledge）**と**主観的知識（subjective knowledge）**から成ります．客観的知識は，自然科学，人文科学，社会科学などに基づく一般性を有する知識であり，形状設計に用いられる材料が持つ特性や強度計算に使用される理論式などがこれにあたります．主観的知識は，デザイナーや設計者の個人的な経験や地域性などに基づく知識であり，言葉で表現することが難しい暗黙知（職人が持つ技のような身体を基本とした知識）を含む知識であり，熟練設計者が持つ形状設計ノウハウの多くもこれに属します．このように，知識はデザインという行為に大きな影響を与えるため，知識の活用はデザインにおいて重要となります．

以上のようなデザイン科学は，デザイン知識とデザイン行為が双方に影響しあいながらデザインが進められることを示しています．次頁においては，デザインを進めるうえで行われるデザインの具体的な思考モデルについて説明します．

■ デザイン科学の枠組み

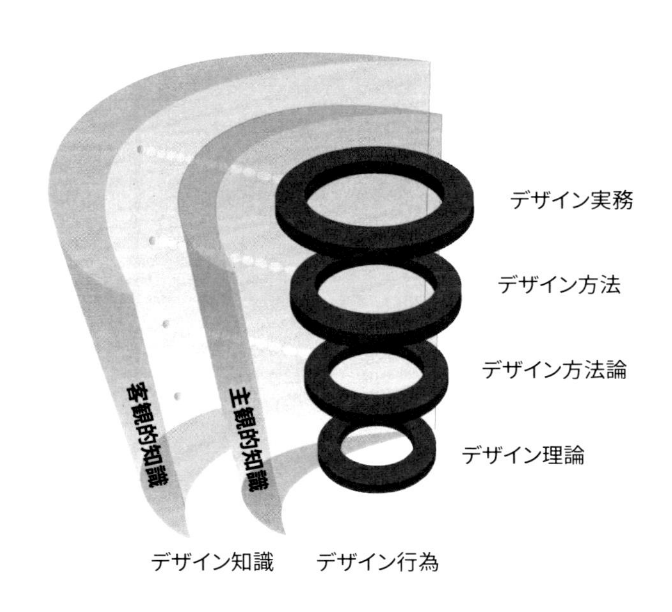

3.2 AGE思考モデル

AGE（エイジ）思考モデル（AGE thinking model）とは，デザインにおける思考過程を示す基本的なモデルです．ここで，デザイン推論とはデザイン問題からデザイン解を導く行為を示します．右図に示すようにデザイン推論モデルは，**分析（analysis）**，**発想（idea generation）**，**評価（idea evaluation）**という三つの思考で構成されます．

・分析と帰納推論

分析とは，デザイン対象に関連するさまざまな要素間の関係性を明確にすることでその背景に存在する一般則を導く思考です．このとき，特殊性を有する個別の事象から一般性を有する法則を導く推論である**帰納推論（induction）**や後述する**仮説推論（abduction）**などを用います．

・発想と仮説推論

発想とは，与えられたデザイン問題を解決する案を導出する思考です．このとき，個別の事象を最も適切に説明しうる仮説を導く推論である**仮説推論（abduction）**を主として用います．

・評価と演繹推論

評価とは，一般則に基づきデザイン対象に関連するさまざまな要素の位置づけを明確にする思考です．このとき，一般性を有する前提から特殊性を有する結論を導く推論である**演繹推論（deduction）**を主に用います．

このように，デザイン推論モデルにおいては，分析には帰納推論や仮説推論，発想には仮説推論，評価には演繹推論がそれぞれ主として用いられます．デザインにおいてデザイナーや設計者は，まず，設定されたデザイン問題に対して帰納推論や仮説推論に基づいた分析を行います．また，分析を行いながら，合わせて仮説推論に基づくデザイン案の発想を行います．そして，発想したデザイン案に対し，先の分析結果を用いることで演繹推論に基づく評価を実施します．満足な評価に達しない場合は再度，分析，発想，評価を繰り返し行います．そして，満足な評価に達したデザイン案をデザイン解として導出します．デザインという創造的行為は，これら三つの思考を繰り返すことにより進められていきます．　次頁においては，以上に述べたAGE思考モデルが組み込まれたデザイン理論について説明します．

■ AGE思考モデル

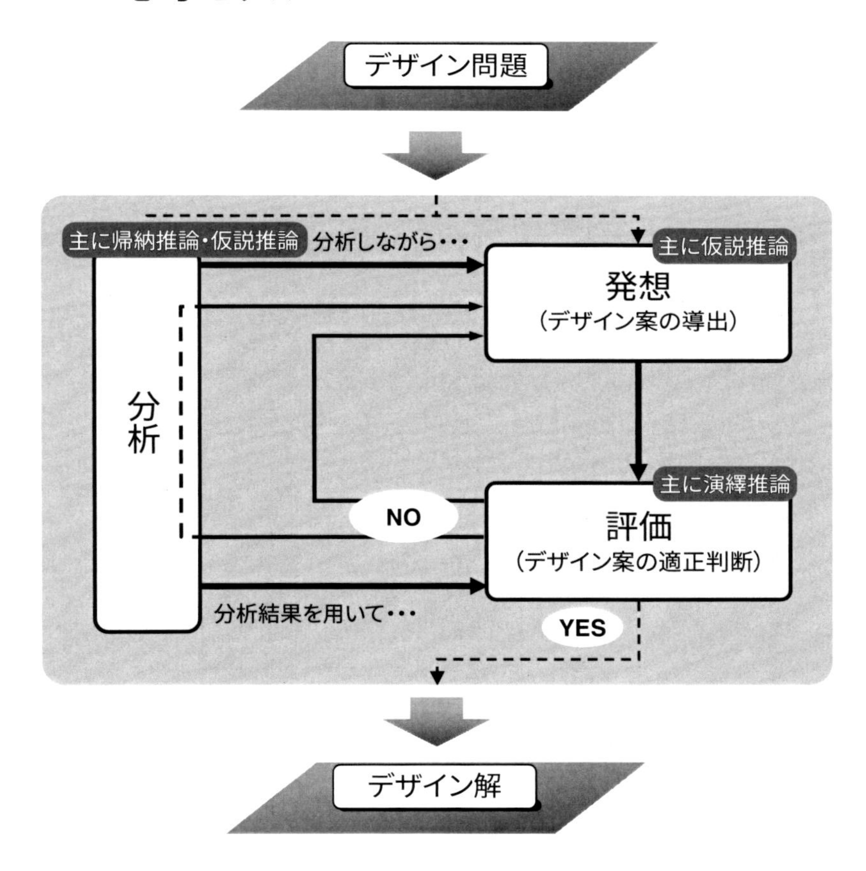
デザイン問題
主に帰納推論・仮説推論
分析しながら・・・
主に仮説推論
発想
(デザイン案の導出)
分析
主に演繹推論
NO
評価
(デザイン案の適正判断)
分析結果を用いて・・・
YES
デザイン解

3.3 多空間デザインモデル

右図に示す**多空間デザインモデル（Multispace Design Model）**は，さまざまな専門や領域における各デザイン行為を同一の視点から説明可能な**デザイン理論（design theory）**です．この多空間デザインモデルは，**思考空間（thinking space）**と**知識空間（knowledge space）**で構成されます．なお，この**空間（space）**とは，数学上の表現で要素の集合が存在する場所を意味します．

思考空間は，**心理空間（psychological space）**と**物理空間（physical space）**から成ります．また，心理空間は**価値空間（value space）**と**意味空間（meaning space）**で構成され，物理空間は**状態空間（state space）**と**属性空間（attribute space）**で構成されます．本モデルにおけるデザイン行為とは，知識空間のさまざまな知識を利用しながらの，思考空間における四つの空間の関係や各空間内・空間間の**推論行為（reasoning）**と定義されます．思考空間における四つの空間とは，先に述べた価値空間，意味空間，状態空間，および属性空間を指します．価値空間とは社会的価値,文化的価値,個人的価値などの多様な価値を含む集合です．意味空間とは，価値を生みだすための機能やイメージを含む集合です．また，状態空間とは人工物が置かれる**場(circumstance)**と場に依存して変化する人工物の特性を含む集合です．ここで場とは，人工物の周辺における環境・ヒト・他の人工物などのさまざまな要素です．また，場に依存して変化する人工物の特性とは，力学的・電気的・化学的特性です．さらに，属性空間とは人工物を製造する際に図面に記載される寸法や材料などを含む集合です．

知識空間は，デザイン科学の枠組みと同様に，客観的知識と主観的知識の二つで構成されます．この二つの知識を用いて，思考空間における空間内と空間間の思考が行われ，これらの思考においては３．２で説明した帰納推論，仮説推論，および演繹推論を用います．

■ 多空間デザインモデル

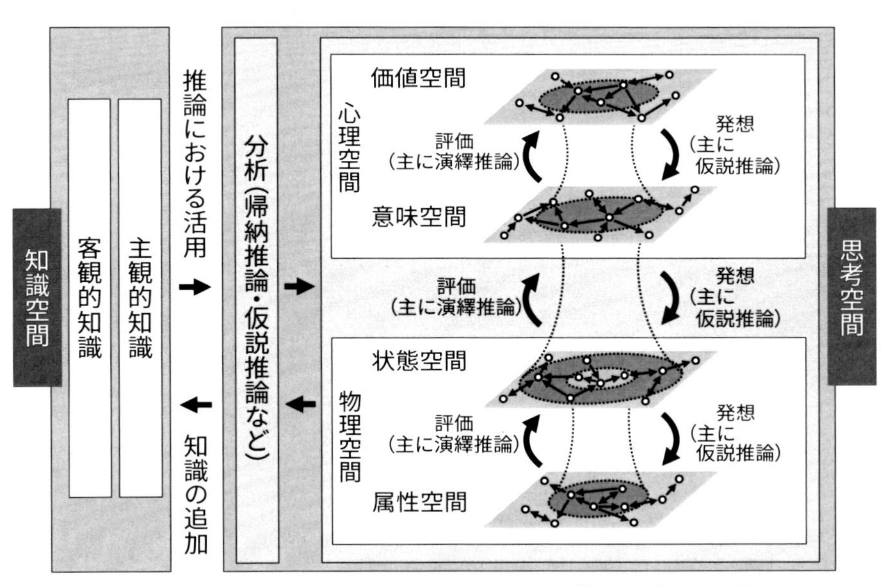
知識空間
客観的知識
主観的知識
推論における活用
知識の追加
分析（帰納推論・仮説推論など）
心理空間
価値空間
意味空間
物理空間
状態空間
属性空間
評価
（主に演繹推論）
発想
（主に
仮説推論）
思考空間
※ ○：デザイン要素
⇄：要素同士の関連性

3.4 多空間デザインモデルと形状設計過程

ここでは，前述した多空間デザインモデルを用いて，形状設計の視点からデザイン過程を説明します．デザイン過程は大きく上流過程と下流過程に分けることができ，**概念デザイン（conceptual design）**，**基本デザイン（basic design）**，**詳細デザイン（detail design）**という大まかな過程で構成されます．このデザイン過程は多空間デザインモデルにおける価値・意味・状態・属性の各空間を用いることにより，各デザイン過程を明解に表現することができます．多空間デザインモデルを用いて表現したデザイン過程を右図に示します．

概念デザインは，デザイン対象のコンセプト，イメージ，機能などの抽象的な要素を決定する過程であり，形状設計における破壊防止や強度向上といった抽象的な要素を扱います．つまり，概念デザインは多空間デザインモデルにおける四空間のうち，主に価値空間・意味空間でデザインが進められます．

基本デザインは，概念デザインで決定されたイメージや機能を実現するための大まかな形状や構造を決定する過程です．また，形状設計における強度向上といった機能（意味）やその機能を具現化するための応力や材料特性を含む物理特性を扱います．つまり，基本デザインは主に意味空間・状態空間・属性空間でデザインが進められます．

詳細デザインは，基本デザインで決定された大まかな形状や構造に対して，製造コストや加工要件などのさまざまなデザイン条件に最適な形状を決定する過程です．形状設計における最適な応力状態や寸法といった状態や属性の要素を扱います．つまり，詳細デザインは主に状態空間・属性空間でデザインが進められます．

■ 多空間デザインモデルの視点からみた形状設計過程

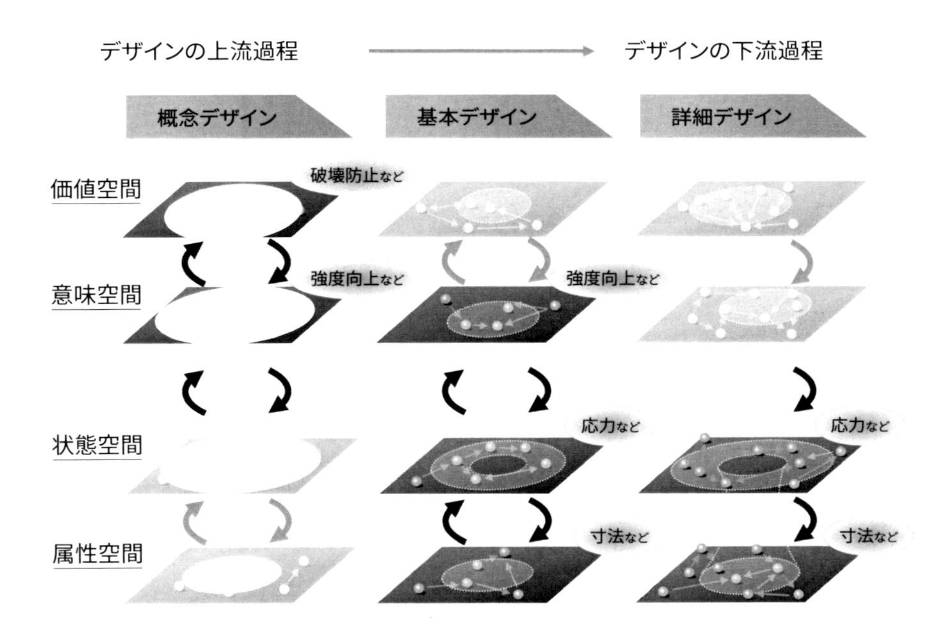

参考文献

01. 松岡由幸，『モノづくり×モノづかいのデザインサイエンス　―経営戦略に新価値をもたらす10の知恵』，近代科学社．
02. 松岡由幸編著，『Mメソッド　―多空間のデザイン思考』，近代科学社．
03. デザイン塾監修，松岡由幸編著：『デザインサイエンス　未来創造の“六つ”の視点』，丸善．
04. Design Juku&Yoshiyuki Matsuoka：“DESIGN SCIENCE Six Viewpoints for the Creation of Future”, Maruzen.
05. 松岡由幸：『デザイン統合に向けたデザイン科学の枠組み』，デザインシンポジウム講演論文集，pp.3-6．
06. 日本デザイン学会編，松岡由幸編集委員長：『デザイン科学事典』，丸善．
07. 松岡由幸監修，加藤健郎・佐藤弘喜・佐藤浩一郎編集，『デザイン科学概論　―多空間デザインモデルの理論と実践』，慶應義塾大学出版会．
08. 松岡由幸，宮田悟志：『最適デザインの概念』，共立出版．
09. 松岡由幸編著：『創発デザインの概念』，共立出版．
10. 松岡由幸，『タイムアクシスデザインの時代　―世界一やさしい国のモノ・コトづくり』，丸善出版．
11. 松岡由幸：『二つのデザイン』，日本機械学会誌，Vol.108，No.1034，pp.14-17．
12. 日本機械学会編，福田収一責任編集：『HCDハンドブック　―人間中心設計』，丸善．
13. 綿貫啓一：『形式知と暗黙知によるデザイン』，デザインシンポジウム講演論文集，pp9-14．
14. 松岡由幸編著：『もうひとつのデザイン　―その方法論を生命に学ぶ』，共立出版．
15. 松岡由幸編著：『製品開発のための統計解析学　―統計解析の誤用防止チェックリスト付き―』，共立出版．
16. 松岡由幸，加藤健郎，『ロバストデザイン　―「不確かさ」に対して頑強な人工物の設計法』，森北出版．

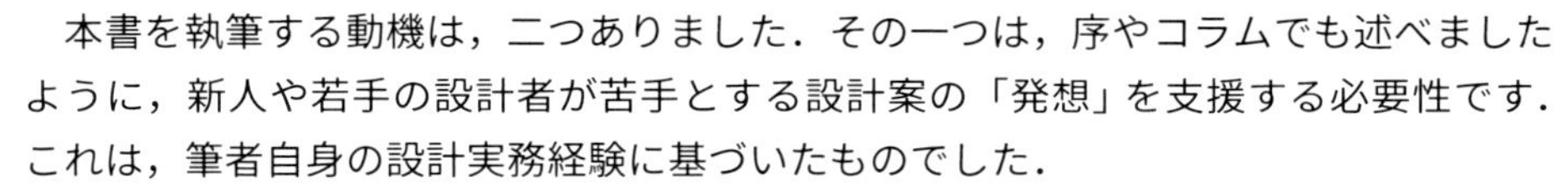

本書執筆の動機と謝辞

本書を執筆する動機は，二つありました．その一つは，序やコラムでも述べましたように，新人や若手の設計者が苦手とする設計案の「発想」を支援する必要性です．これは，筆者自身の設計実務経験に基づいたものでした．

もう一つの動機は，大学での設計実習における教育指導経験でした．学生たちは力学や数学を学ぶことで，与えられた形状に対する力学特性などの「分析」や「評価」はある程度可能になっています．しかし，新人や若手の設計者と同様に新たな形状を「発想」できないのです．そのため，学生たちは，分厚く巨大な部材の設計をよくします．失敗することにも意味があるので，初めからノウハウを教えることはしませんが，そのあまりのごつさに，びっくりすることもしばしばです．

これらの経験を通じて，若手の設計者や学生たちが「発想」できない理由は，発想や思考の能力がないのではなく，単に熟練設計者の知恵や工夫を知らないだけだと確信しました．意外かもしれませんが，それだけのことだと思います．そうであれば，それらの知恵や工夫を，ひと目でかつ的確にわかるようにしてあげればいいのではないか，という思いが本書の執筆へとつながりました．

最後に，本書の執筆に際してご協力をいただきました多くの方々に感謝申し上げます．まず，形状設計ノウハウを提供していただきました横山照様，高城源次郎様，松野史幸様をはじめとする多くの熟練設計者の方々に深謝申し上げます．実は，ここでお名前を挙げさせていただきました方々は，いずれも慶應義塾大学の非常勤講師の先生方です．先生方には，機械工学を専攻する学生たちに，設計実習において日頃より設計ノウハウを指導していただいております．その意味で，本書は，先生方の形状設計上の知恵と工夫を，デザイン科学の視点から整理し，ドキュメント化したものであるといえます．

なお，本書は，初版『図解 形状設計ノウハウハンドブック　―デザイン科学が読み解く熟練設計者の知恵と工夫』(日刊工業新聞社)の増補・改訂版です．本書の内容は，未だ他に類書がなく，新人・若手の設計者や機械工学を学ぶ学生からの根強い人気と再販への強い要望があること，さらに，デジタル書籍化という今日的なニーズの高まりを受け，近代科学社Digitalより出版させていただきました．出版に際しては，近代科学社Digitalの石井沙知氏には多くの貴重なご助言をいただきました．ここに併せて，御礼申し上げます．

2021年6月　松岡 由幸

和英索引

【ナ行】

【ハ行】

【マ行】

【ヤ行】

【ラ行】

【ワ行】

英和索引

著者紹介
松岡 由幸（まつおか よしゆき），博士（工学）

慶應義塾大学名誉教授／早稲田大学客員教授
デザイン塾主宰，企業コンサルティング

専門は，デザイン科学，設計工学，プロダクト・システムデザイン，製品開発システム論，科学技術史・科学哲学．
AGE思考モデル，多空間デザインモデル，Mメソッド，デザイン二元論（創発デザインと最適デザイン）など，デザイン科学の基礎となる理論を構築．デザイン・設計に時間軸を組み込む「タイムアクシスデザイン」の提唱．これらを用いて，多くの企業とのコラボレーションによる新製品・システムの開発を実施．

日本デザイン学会（会長），日本設計工学会（副会長），横断型基幹科学技術研究団体連合（理事），日本工学会（フェロー），日本機械学会（フェロー），基礎デザイン学会（監事），CG-ARTS協会（委員），The American Society of Mechanical Engineers（ASME），The Design Society，Association for Computing Machinery（ACM），Institute of Electrical and Electronics Engineers（IEEE）などの学協会にて活動．
米国イリノイ工科大学デザイン研究所客員フェロー，経済産業省・文部科学省関連の各種委員，機械工業デザイン賞専門審査委員なども歴任．

著書は，『デザイン科学事典』（編集委員長，丸善），『モノづくり×モノづかいのデザインサイエンス—経営戦略に新価値をもたらす10の知恵』（近代科学社），『デザインサイエンス—未来創造の“六つ”の視点』（丸善，英文翻訳書・韓国語翻訳書も出版），『タイムアクシスデザインの時代—世界一やさしい国のモノ・コトづくり』（丸善），『デザイン科学概論—多空間デザインモデルの理論と実践』（慶應義塾大学出版会），『Mメソッド—多空間のデザイン思考』（近代科学社），『もうひとつのデザイン—その方法論を生命に学ぶ』（共立出版），『創発デザインの概念』（共立出版），『最適デザインの概念』（共立出版），『ロバストデザイン—「不確かさ」に対して頑強な人工物の設計法』（森北出版）など多数．

◎本書スタッフ
編集長：石井沙知
組版：菊池周二
表紙デザイン：tplot.inc 中沢岳志
技術開発・システム支援：インプレス NextPublishing

●本書は『形状設計ノウハウ集』（ISBN：9784764960213）にカバーをつけたものです。

●本書の内容についてのお問い合わせ先
近代科学社Digital　メール窓口
kdd-info@kindaikagaku.co.jp
件名に「『本書名』問い合わせ係」と明記してお送りください。
電話やFAX、郵便でのご質問にはお答えできません。返信までには、しばらくお時間をいただく場合があります。
なお、本書の範囲を超えるご質問にはお答えしかねますので、あらかじめご了承ください。

形状設計ノウハウ集

熟練設計者の頭の中にある，知恵と工夫を教えます

2021年6月25日　初版発行Ver.1.0
2024年9月30日　Ver.1.1

著　者　松岡 由幸
発行人　大塚 浩昭
発　行　近代科学社Digital
販　売　株式会社 近代科学社
〒101-0051
東京都千代田区神田神保町1丁目105番地
https://www.kindaikagaku.co.jp

印刷・製本　京葉流通倉庫株式会社
Printed in Japan

ISBN978-4-7649-0719-5